成都学术沙龙

Chengdu Scholarly Salon (2013) 图文集

林锡红　杨鸣　主编

成都时代出版社

图书在版编目（CIP）数据

成都学术沙龙（2013）图文集/林锡红，杨鸣主编.
—成都：成都时代出版社，2014.8
ISBN 978-7-5464-1260-3

Ⅰ.①成… Ⅱ.①成… Ⅲ.①学术交流–概
况–成都市–2013 Ⅳ.①G322.771.1

中国版本图书馆CIP数据核字（2014）第183588号

成都学术沙龙（2013）图文集
Chengdu xueshu shalong(2013)tuwenji
林锡红 杨 鸣 主编

出 品 人 石碧川
责任编辑 蒋雪梅
责任校对 李茜蕾
装帧设计 林锡红
责任印制 干燕飞

出版发行 成都时代出版社
电 话 （028）86742352（编辑部）
 （028）86615250（发行部）
网 址 www.chengdusd.com
印 刷 四川经纬印务有限公司
规 格 210mm×285mm
印 张 8
字 数 250千
版 次 2014年8月第1版
印 次 2014年8月第1次印刷
书 号 ISBN 978-7-5464-1260-3
定 价 35.00元

《成都学术沙龙（2013）图文集》编委会

主　任：陈　蛇　成都市社科联（院）党组书记、院长

副主任：王　苹　成都市社科联（院）副主席、副院长

　　　　阎　星　成都市社科联（院）副主席、副院长

委　员：贺大经　成都薛涛研究会会长

　　　　刘从政　成都毛泽东诗词研究会会长

　　　　程显煜　成都市行政学会会长

　　　　郭建平　成都市委党校系统邓小平理论研究会会长

　　　　杨吉成　成都市党史研究会会长

　　　　邵　昱　成都市经济学会副会长

　　　　肖诗杰　郫县社科联副主席、秘书长

　　　　付　敏　金堂县社科联主席

　　　　唐　静　锦江区社科联副主席

　　　　冯照援　青羊区社科联主席

　　　　罗毅青　武侯区社科联副主席

　　　　袁代树　金牛区社科联主席

　　　　胡红兵　龙泉驿区社科联主席

　　　　赵文军　都江堰市社科联副主席

魏　东　邛崃市社科联主席

姜孝云　崇州市社科联主席

邓　梅　青白江区委宣传部纪检组长

乐惠蓉　新都区社科联秘书长

吴红凌　双流县社科联副主席

郑建刚　新津县社科联主席

孙光成　成都翻译协会秘书长

唐　红　成都卫生经济学会副秘书长

刘宗炎　成都市易学研究会会长

蒲秀英　成都国学研究会会长

湛　羚　成都市工商行政管理学会秘书长

王　健　成都市妇女理论研究会会长

李加锋　成都市诸葛亮研究会副会长、副秘书长

余世宽　成都市交子文化学会副会长

李向前　成都市和谐社区促进会秘书长

杨胜模　成都市城市科学研究会秘书长

前 言

　　成都学术沙龙于2010年创办，旨在为社科界服务，为社科工作者提供宽松、自由、平等的学术交流平台，充分发挥各学会、协会、研究会和区（市）县社科联的作用，激发社科工作者的主动性、积极性和创造性，促进学术文化繁荣发展。

　　"成都学术沙龙"的举办不拘形式、不限场地、不围人数，力求创新。为了办好"成都学术沙龙"，成都市社科联学会学术部进行了精心策划和组织。制定了《"成都学术沙龙"活动方案》，对沙龙的具体运作作了较规范和科学的设计，如"选题要求"、"选题征集"、"选题申报"、"举办要求"、"宣传推广"等；还依据《"成都学术沙龙"管理暂行办法》的规定，每年各区（市）县社科联，各学会、协会、研究会都要开展4次以上的沙龙活动，举办沙龙前要提出申请。年终，市社科联将开展情况进行工作通报，以此总结经验，表彰先进，鼓舞士气。

　　"成都学术沙龙"开展的时间并不长，却极大地丰富繁荣了成都学术文化，形成了具有鲜明学术特色和交流探讨的模式。市社科联各学会和各区（市）县社科联充分运用和创造性地发挥了沙龙的巨大作用，注重以本地的学术研究机构、党政相关部门、科普基地、学术研究者为依托，在举办各具学术特色、丰富多彩的各类沙龙活动中，充分发挥了主动性、积极性和创造性，以饱满的热情努力探索各地改革发展中的重大理论和实践问题，在探讨交流中出新思想、出新成果，并注重成果转化，起到了"智库"作用，为地方党委和政府提供了有力的智力支撑。沙龙活动的

质量、水平逐步提高，2013年共开展沙龙活动96场，参与人数2626人，本书收集了其中79场的精彩观点。几年来共举办沙龙活动482场次，参与者12000余人，沙龙逐渐实现了品牌化、规范化、系列化，影响力逐渐增大。

　　沙龙活动注重发掘本土有突出成就的学者、文化人，注重发掘地方人文历史积淀和宝贵文化资源，如双流县和新津县社科联通过对"槐轩文化"的探讨，重新认识并发掘这一本土学术文化在"蜀学"中具有的重要地位，进一步肯定了"槐轩学派"在当代的学术价值和影响；邛崃市社科联通过开展学术沙龙活动，发现了本地有厚重学术成果的学者许登孝，由此帮助、资助该学者出版个人专著《孟子导读》。这些事例说明，学术沙龙立足服务本地社科界和本地社科工作者，发现了许多本地具有高水平的专家学者和学术精华，同时也发掘了本地历史人文积淀。

　　沙龙紧密结合地域文化、风俗民情、自然地理等自然与人文特征，突出地域人文内涵，探讨传承地域人文精神。注重地域文化特色、本土人文历史积淀，邀请本土有影响的名家（文化人），对地方的独特历史人文内涵、自然资源优势进行发掘探索，如邛崃市举办文君文化研讨会、探讨邛酒产业发展新趋势新举措，成都打造国际旅游目的地城市研究，郫县开展的"水润蜀都，生态郫县"主题沙龙。沙龙活动注重凝聚智慧，创新理论，为地方经济和社会发展献计献策，如新闻发言人基本媒介素养问题研讨、"首位城市与多点多极"发展战略的思考与启示、成都加快新型城

镇化的问题和出路、"四化同步"实践与探索、微型企业发展探讨等。

　　沙龙活动注重社科知识的普及和传播，帮助人们认识世界、认识社会、认识人生，受到了社科学术研究组织和社科研究人员的普遍欢迎。如"心理学在当今社会中的应用与研讨"沙龙系列，以"婚姻的智慧"为题，解答当代人建立幸福婚姻的基本模式；以"丰富的经历=更大的大脑"为题，介绍大脑构造及其化学成分，可以由人的各种活动积累起来的经验改变，人们生存的丰富多样的环境、丰富的生活经历，有助于提高人的学习能力；"关注心理健康，促进心理和谐"，从心理健康的视角对领导干部心理问题的典型表现、深层原因、产生机制和负面影响进行了深入探讨。

　　沙龙活动的广泛开展受到了社会各界的好评和欢迎，四川省社科联有关领导来做工作调研时，对成都市社科联开展的"成都学术沙龙"工作成果给予了充分肯定，对市社科联的首创精神表示了赞赏，并勉励大家在今后工作中继续发扬开创精神，为繁荣成都学术文化、提升市民人文素质作出更大贡献。党的十八届三中全会精神对"成都学术沙龙"今后的工作任务和发展方向具有重要的指导意义，我们要认真学习贯彻党的十八届三中全会精神，牢固树立"活跃学术氛围，提升学术水平，繁荣学术文化"的宗旨，继续抓好各个环节，提高沙龙质量，按品牌化思路运作，注重总结与提炼，注重收集相关资料及图片；加大沙龙的传播力度，不断扩大沙龙影响，使其更好地发挥社会科学的功能和作用；努力创新，举办更多更好的具有内容优势和新颖形式的"成都学术沙龙"，为推动成都哲学社会科学事业大发展、大繁荣作出应有的贡献。

编 者

2013 年 12 月 30 日

目录

●文明传承●

为了让青羊区市民切身感受自己身边的历史文化，让外来者感受青羊区厚重的人文魅力，让人们更多地了解青羊区的近现代历史事件、历史遗迹和历史人物，同时了解青羊区在当今城市化进程中经济社会发展的成就，3月5日下午，青羊区委宣传部、青羊区社科联邀请本土社科界、文史界专家学者，举办了青羊科学发展论坛，共同交流探讨青羊历史文化的挖掘再现问题。参加本次沙龙的专家学者有谭继和（四川省社科院研究员）、袁庭栋（本土著名学者、巴蜀文化研究专家）、银莲（《中外文艺》杂志副主编）、杨虎（巴金文学院签约作家）、郭子久（区政协副秘书长）、康良琼（区图书馆馆长）、张中信（区文化馆馆长）、赖勇（区社区教育学院书记）、叶林（青羊区新闻传媒中心记者）。沙龙活动由冯照援（青羊区委宣传部副部长、青羊区社科联主席）主持。

青羊历史文化的挖掘再现

冯照援首先简要介绍了《文化青羊书系·2013》的策划构思。主创人张中信较为详细地对每一本书进行了说明。青羊区委宣传部策划推出反映青羊历史文化发展的系列丛书《文化青羊书系·2013》，分《见证发生在青羊的历史》《文化名人的青羊生活》《青羊城市化的脚步》《青羊调查·2013》《青羊百姓故事》《琴台风雅》六个分册，拟采用统一设计、统一格调、统一公开出版发行的方式进行。在座的专家学者也对该书提出各自的见解。书系的创作结构初步确定。

《见证发生在青羊的历史》。通过对知情人的走访和采写，见证留存在青羊的近现代历史事件、历史遗迹和历史人物。采写时间2013年2月下旬至2013年8月，并陆续在《新青羊》和《琴台文艺》专栏发表，每篇文章3000~4000字，突出文章的可读性、历史性和艺术性，体例定为散文类。

《文化名人的青羊生活》。主旨是让每个青羊区市民切身感受到生活在自己身边的文化名流，让外来者触摸到青羊厚重的历史人文。采写时间2013年2月下旬至2013年8月，每篇文章3000~4000字，突出文章的可读性和艺术性，并陆续在《新青羊》和《琴台文艺》专栏发表，体例定为散文类纪传体。

《青羊城市化的脚步》。以纪实的手法和报告文学的笔调，深刻反映在率先城市化进程中青羊区经济社会发展的历史成就，采写时间2013年2月下旬至2013年10月，每篇文章3000~4000字，突出文章的可读性和艺术性，并陆续在《新青羊》和《琴台文艺》专栏发表，体例定为纪实文学或报告文学类。

《青羊调查·2013》。由记者对青羊辖区的热门事件、热门话题进行采访报道。采写时间2013年2月下旬至2013年10月，每篇文章1500~2000字，突出文章的可读性和真实性，体例定为新闻通讯类。

《青羊百姓故事》。结合百姓故事会，为青羊区草根人物（好人、奇人、非遗传承人）立传，采写时间2013年2月下旬至2013年10月，每篇文章1500~2000字，突出文章的可读性和真实性，并陆续在《新青羊》和《琴台文艺》专栏发表，体例定为新闻通讯类。

《琴台风雅》。精选近三年青羊区文学艺术工作者优秀文艺作品。

会后将进一步明确《文化青羊书系·2013》实施步骤，细分时间节点和工作分工，力争年内出版。

邛崃市举办文君文化研讨会

3月26日，由邛崃市文君文化研究会主办的文君文化研讨学术沙龙在邛崃市端云一号村庄举行。出席沙龙的有邛崃市委常委、宣传部部长舒显奇，宣传部副部长、文联主席刘泳希，文化局局长王茂楠，文君文化研究会秘书长付尚志，以及文君文化研究会成员，共16人。沙龙由邛崃市社科联副主席魏东主持。

首先，付尚志介绍了近几年的工作情况。他说，文君文化研究会成立七年来，得到邛崃市委、市政府和社会各界的大力支持，研究会成员踊跃投稿，积极撰写论文和研究成果，共出版了四期《文君文化研究》，从封面到内容都各有不同，以前有四个栏目，现在有六个，增设了"剧本收集"和"争鸣"两个栏目。通过几年的实践，感觉内容还是单一，需要继续扩容，进一步扩大影响，以文君文化为龙头组带，挖掘历史内涵，要与酒文化结合，板块的内容要和市委、市政府的中心工作相

结合。投稿总体水平较高，但和专家学者的文章相比还有一定差距。

舒显奇部长充分肯定了邛崃市文君文化研究会的工作，并介绍了宣传部2013年的工作重点，希望各位专家积极参与到文化大发展大繁荣中来。他说，2012年邛崃市委、市政府先后出台了《中共邛崃市委关于推动文化大发展大繁荣建设文化强市的意见》《邛崃市促进文化产业发展的暂行办法》，提出了实施"三大战略"（"先进文化引领"发展战略、特色文化繁荣发展战略、创新文化融合发展战略），大力推进"五大建设"（社会主义核心价值体系建设、文化创作生产体系建设、公共文化服务体系建设、现代文化产业体系建设、文化人才体系建设），努力实现"五个显著提升"（全社会文明素质、先进文化引领水平、文化惠民能力、文化产业综合实力、文化人才队伍素质能力显著提升），努力争创"全国文化先进县"，打响以文君文化为龙头的邛崃特色文化品牌，建设国内外具有影响力的历史文化名城和文君文化名区。文君文化研究会在市委的正确领导下，充分发挥桥梁和纽带的作用，积极开展文化活动，打造文艺精品，出版了二十余万字的《文君文化研究》第四辑，创作出了《大汉文君》《孤胆少女》等一批文艺精品，积极参加市委、市政府组织的各类研讨会、学术交流会，深入挖掘文君文化的历史内涵，为市委、市政府的活动（放生会、国际南丝路文化旅游节等）提供智力支持，有力推动了邛崃市文化大发展大繁荣。

舒显奇提出几点建议供文君文化研究会的各位专家和老师参考：一、扎实加强学会建设与管理。学会、研究会是市委、市政府开展文化工作的基础和主要力量，要把学会工作摆在重要位置，按照市场取向加强现有学会管理，探索新的活动方式方法，比如《文君文化研究》可以尝试采取走市场化的路子来解决发行的问题，要加强乡土教材的编印工作，将邛崃文化融入到教材之中，让中小学生从小就接受传统文化的熏陶。按照市场需要推动文艺团体的发展，探索文艺团体新的增长点。通过加强管理调动学会、研究会的积极性、创造性，通过学会的发展发现人才、培养人才、凝聚人才、吸引人才、用好人才。市委、市政府要加大对协会的扶持力度，落实相关的文件精神，发挥政策的导向作用，推动文化大发展大繁荣。二、加强文化阵地建设和文化人才队伍建设。着力培养青年文艺骨干人才，着力培养一批政治业务素质好、文艺理论功底扎实、年富力强、勇于开拓创新的文艺骨干。通过组织

开展系列培训会、座谈会、采风活动等，培养一大批青年文艺骨干人才队伍。政府将设立"邛崃文化艺术奖"、"邛崃文化传承人"评选项目和文化能人培养基金，对在宣传邛崃、提升邛崃形象等方面有突出贡献的人员和团体进行奖励，促进优秀人才脱颖而出。三、推出群众喜闻乐见的文艺精品。加强区域文化品牌建设，打造邛崃独有的文化活动品牌。

舒显奇指出2013年宣传部重点要抓的几项工作：一是抓好特色文化镇乡建设工作，打造夹关（高跷文化）、固驿（川剧文化）、平乐（民俗文化）、南宝和油榨（羌文化）等特色文化镇乡，通过深入挖掘当地特色文化资源，大力培育基层文艺队伍，进行特色文化展演等，形成较有影响力的地方特色文化活动品牌，以点带面，带动全市特色文化镇乡建设和公共文化服务体系示范区建设。二是推动"邛窑文化产业园"、"文君主题公园"、"陈巧茹川剧大院"、"南丝路喜福文化公园"、红军长征纪念馆改扩建和展陈设施提档升级等文化产业项目建设，推进文化资源产业化大提速，提升文化产业在GDP中所占比例。三是扶持文化社团建设和文艺创作活动，推出一批关于"南丝路文化"和"文君文化"的文艺精品，扶持三至六本精品图书的出版发行；抓好邛崃原创歌曲征集、推广传唱工作和电影《直台村》拍摄、投放工作；深入挖掘、大力宣传南丝路文化、文君文化两大核心文化所蕴含的"开放、融合、创新、和谐"的城市精神。四是举办"邛崃国际跳伞节"、"生态放生会"等活动，提升城市品牌；大力培养优秀文艺人才，努力建设一支德艺双馨的文艺家队伍。

舒显奇希望各位专家学者结合市委的中心工作，充分发挥各自的聪明才智，立足于高度的文化自觉，深入挖掘"文君文化"的内涵，进一步提升邛崃"文君文化"的知名度和影响力，树立文化品牌战略意识，加快"文君文化"融入成都对外开放的步伐。

胡立嘉老师说，《文君文化研究》影响很大，现在期刊控制很严，走市场化的道路还很远，现阶段还是要以政府的扶持为主。

王茂楠局长感谢大家对文化工作的支持。他说，文君文化研究会主动融入市委中心工作，期刊质量不断提升，是大家付出了无数心血的结果，从征集文稿到出版都做了大量工作。邛崃的历史文化厚重，还有很多需要挖掘，如红军文化、严君平文化等等，通过深入挖掘的过程来推动文化的大发展。

《今日邛崃》主编陈端生认为，《文君文化研究》要严把质量关，要作为精品来打造，要根据市委的工作来约稿，自然来稿和约稿想结合。南丝路水上走廊历史文化厚重，大有文章可做。2013年8月在邛崃召开赋学会，几个方面的文化可以结合起来研究。

毛泽东诗词研究会热议诗词创作

　　成都毛泽东诗词研究会"芳草学术沙龙研究会"第四次研讨沙龙活动于4月11日上午在芳草街道综合文化活动中心2楼会议室举行，有26位成员参加本次沙龙。研究会顾问、八十高龄的罗洪深同志作了《建设文化强国　研创民族新体诗歌》的中心发言，主要从民族新体诗歌要与时俱进、开拓诗坛的更大繁荣、新诗的"自成格律"应该是一种体式和诗词意境的巨大能量等四个方面进行了论述。

　　罗洪深同志特别提到，最近，习近平同志在参观《复兴之路》展览时畅谈了实现民族复兴的伟大中国梦，并说民族的伟大复兴必然伴随着文化的伟大复兴，同时引用了毛泽东和李白的诗句"雄关漫道真如铁"、"人间正道是沧桑"、"长风破浪会有时"来表达这个伟大的中国梦一定要实现和一定能够实现的坚强信念。可见，诗言志，就是要道出这种诗之魂，就是要与时俱进。我们也要借此东风开拓中国诗坛的更大繁荣。

　　罗洪深同志鲜明地提出，新诗的"自成格律"应该是一种体式，新体诗不能像旧体格律诗那样去先定一个格式，再去照葫芦画瓢。新体诗的先决条件是要用白话的通俗语言、包括仍流行于现代的文言，并用自由体写出来。必须不受前人体式上的约束，但又要有所规范。这种规范是作者写作时按照现在公认的简练、大体整齐、有规律的用韵等自我规范。"自度曲"从来就在词曲中担负着体式创新的角色，这种类型的创作方式在现今新诗体的建设中已崭露头角。现代新体诗也当有新体诗的格律。这也就是前人已探讨过多年的"新诗格律化"的格律。这是新体诗作者在自由创作时注意体式上的自觉规范以符合建筑美、声韵美、意境美等艺术要求，所以叫"自成格律"，是既有格律又有自由的生动活泼的那样一种创作方式。有人认为写新体诗就是

随便写、不讲平仄。这是认识上的一个误区。写新体诗，或者说写新诗，也是要讲平仄的。你要使语句读来顺口，吟诵起来流畅，表达情感时或低回宛转，或慷慨激昂，就必须选择词句、调谐平仄、显现抑扬顿挫的节奏。循着中华民族诗歌发展历史来看，现代的歌词，应该是一种理所应当的、正宗的新体诗歌。而古之宋词、元曲，也就是各该时代的流行歌曲。歌词的创作，历来有两种作法，一是先写好词，再由作曲家去插上音乐的翅膀；二是按照已有乐曲的旋律填词，故叫"倚声填词"。至于现代歌词作者，大都是按前一种方式去写词，故人们认为"谱了曲的新诗就是歌词"。一般用填词法填出的歌词甚属少见。水有源树有根，认清了新体诗创作与旧体的传承关系，能使我们不再犯一讲新诗就丢开旧体的错误，使我们在新体诗的研创中不断地向旧体诗词学习和借鉴，像臧克家先生那样做新诗旧体都爱的"多面手"。

参加沙龙研究会的同志对罗洪深同志的发言反响热烈，围绕发展民族新体诗歌的创作与理论等问题进行了广泛探讨。

成都毛研会顾问龙树准认为，毛研会的宗旨是学习毛泽东诗词和走毛泽东诗词创作之路，发展民族新体诗歌。芳草分会从实践和理论上广泛探索民族新体诗歌的发展道路已经5年多了，广大会员写出了大量的诗词歌赋和理论文章，还有会员作品点评，学术沙龙活动搞得有声有色。我们要在建设文化强国的大好形势下，继续研

创民族新体诗歌，争取走出一条具有个性化的道路。正如罗洪深同志强调的诗歌要注重"三象"，即气象、景象、志象。学习王国维的境界学，创造新诗的"自成格律"，要从民歌和古典中吸取营养，以期"发展成为一套吸引广大读者的新体诗歌"。他还提出了两点不同的看法进行商榷：一是旧体格律诗并不是先定一个格式，再去照葫芦画瓢。旧体格律诗也是在前人创作的过程中不断发展而形成的一种多数人认可的体裁。二是现代的歌词，不一定是一种理所应当的、正宗的新体诗歌，而有的歌词不能算诗歌，至少不能算作"歌诗"。

龙树准的观点引起了大家的热议。芳草分会副会长何少飞认为，罗的中心发言总结我们探讨民族新体诗歌的现实意义和初步成果，为我们推开了一扇宽阔的窗口，感到清新的春风吹进了胸膛。"自度曲"的论述新颖，有理有据，有继承发展，有深度和可操作性。"倚声填词"和先写好词再由作曲家去插上音乐的翅膀这两种方法推动诗歌的创作，更有利于民族新体诗歌的传播。我们要像罗老师学习，多动脑筋，把握方向，不要辜负了民族复兴、文化大发展的无限春光。

成都毛研会副会长胡晓竹认为，诗歌文化是中华文化的重要组成部分，值此中华复兴、国家富强、大文化蓬勃发展之际，我们走毛泽东诗词创作之路，探寻民族新体诗歌的创作途径是顺应历史潮流、与时俱进的明智之举。罗、龙二老和李昭文会长等前辈在耄耋之年，锲而不舍，为我们做出了榜样。从诗歌体裁方面来看，不

管是传统格律诗还是"新诗格律化"的格律都是时代的呼唤，自然形成的产物。旧体诗词格律讲究平仄音韵，有其特色和优势，但确实也有束缚思想、不利于现代文化传播的某些缺憾，我们要用新文化给旧体诗词注入新的生命力，推动新文化的长足发展。民族新体诗歌应当不拘平仄，注意节奏，重在意境，锤炼语言，力争唱出时代的强音。

沙龙成员王甫信认为，"倚声填词"和插上音乐的翅膀是推动民族新体诗歌创作的好办法，以林葆安《青青新竹》和李昭文《我爱芳草这个家》为例来说明这种在创作时自觉规范成类似词的上下片和曲的重头的模式，具备了"自成格律"的新体诗创作方法。我尝试用《南泥湾》的曲调来歌唱火烧堰，很快就在社区群众中传唱。胡晓竹同志创作的《芳草之歌》获金秋文艺演出一等奖，也说明罗老和龙老、李昭文会长等前辈大力提倡的"歌诗"具有群众喜闻乐见的基础。"文化兴芳""文化强国"大有可为，大有前途。

沙龙成员黄维玉说："罗老用精辟的分析阐明了建设文化强国，研创民族新体诗歌的道理，对年轻一辈很有启发。我的诗词创作实践证明，罗老的理论是正确的。比如，我会诗友们以在幸福梅林活动为背景填写的一首《幸福梅花》词，由支尚琼老师谱曲，非常动听，易于传唱，大家都很喜欢。我愿意在各位老师的帮助指导下继续努力，为研创民族新体诗歌作一些微薄的贡献。"黄维玉现场朗诵了她的诗作《参加芳草诗歌研讨会有感》："野草芳草百姓草，秀色青青春来早。志同道合勤耕耘，风流人物看今朝。"

沙龙成员喻庭贵说："要把诗歌写出立体、要空间，不是平铺成一个狭小的面。罗老和诸位诗友强调意境，动静结合，虚实相生。文字要精炼，不能婆婆妈妈、软软绵绵的，要干净利索。更不能重复、啰唆。写诗，不能只按照格律的模子往里套，要有自己的个性，内心的东西才能独立起来。先多看看唐诗宋词元曲还有诗经什么的，看了以后有些词句的典故可以借用，再对应自己的感悟，填词写赋就有诗词的灵魂了。历代毕竟好人多，诗词歌赋要"风、雅、颂"并举。"

芳草分会李昭文会长说，去年分会在成都市社科联和毛研会领导下举行了3次沙龙活动，四川省社科院陈德述同志在芳草街道文化活动中心以"诗词意境"为主题组织了一次"红星沙龙"研讨，都对大家的新体诗歌研创工作产生了巨大的推动力。今天这次沙龙活动气氛活跃，质量也比较高。我们将继续坚持下去，带动更多的人参加进来。民族新体诗歌的发展任重道远，不管用那一种体式，诗歌都要有意境，否则就徒有其形，味同嚼蜡。意境是诗的灵魂，是化腐朽为神奇的灵丹妙药。有了意境，任何体式的诗便都能存活与流动，使人爱读而有所感染、感动、鼓舞，否则便失去了诗的功能。我们将继续坚持民族新体诗歌的研创和沙龙活动，出诗文集，欢迎大家积极投稿，作者和编者共同改稿，各抒己见，百花齐放，使我们的工作再上一个台阶。

芳草街道综合文化活动中心主任张祥明到会积极支持和鼓励，并对去年"芳草学术沙龙"活动获得市社科联奖励表示热烈祝贺。成都学术沙龙活动进街道、进社区非常好，欢迎大家更多、更好地参与社区文化活动，把"文化兴芳"融入"文化强国".的时代洪流，把群众普及与专家学者提高的学术档次结合起来，让"下里巴人"与"阳春白雪"共同为建设中华文化、实现美丽"中国梦"做出我们应有的努力。

牟礼镇如何打造"蒲口顿码头"

为促进牟礼镇经济文化发展，4月10日上午，邛崃市社科联在牟礼镇组织开展了古镇漫话学术沙龙活动。此次学术沙龙座谈会邀请了邛崃知名文化界人士10多人参加，专家学者共聚牟礼镇，大家围绕"蒲口顿码头的打造"这一主题纷纷发表自己的见解和看法，研讨怎样在蒲口顿码头建设中融入历史和文化元素，提出相关意见和建议，为进一步推进牟礼镇经济、文化发展出谋献策。会议由市社科联副主席魏东主持。

座谈会前，牟礼镇领导首先邀请文化界人士前往蒲口顿码头建设现场，实地查看和了解了项目的布局、面积、位置大小等细节。牟礼镇党委书记张小君介绍了牟礼镇的现况、定位和发展方向，发展思路是重点打造南丝路水上走廊牟礼段，目前工作是打造蒲口顿码头、完善蒲口顿码头。

蒲口顿码头是南方丝绸之路水上走廊规划建设的第一个码头，作为南方丝绸之路水上走廊展现的第一个节点，历史文化底蕴十分深厚。如何打造一个历史文化底蕴丰厚的"蒲口顿码头"，让蒲口顿码头完整地融入人文历史元素，显得非常重要。

座谈会上，与会者畅所欲言，纷纷建言献策，针对蒲口顿码头建设和文化氛围的营造提出了建议和意见。牟礼镇领导表示，在码头的建设中要集思广益，充分尊重各位专家学者提出的建议和意见，把蒲口顿码头建设成为南丝路水上走廊上的一颗明珠。

牟礼镇的知名儿童文学作家韩作成老师简述了牟礼镇的悠久历史文化，邛崃与牟礼镇及蒲口顿码头的历史渊源，民风民俗及"依政文化"。韩老师谈到了永丰的文化，他认为，永丰虽然很小但很有名气。永丰以前有很多庙宇，有很多名人。历史上曾出过两个宋代进士，清代公车上书的举人之一就出自永丰。新中国成立初期永丰出了好几个大学生。近年来，中小学校长就出了二十来人。永丰的文化底蕴很深厚。自己写的小说中有很多关于抢童子、城隍庙会、坝坝电影等故事。非常可惜的是，在"文革"时候，毁坏了很多庙宇和菩萨，曾有一尊达两吨多重铜佛像被毁坏了，这是在毁坏我们自己的传统文化。另外，永丰这个地方，在革命时期，也是敌后武工队活跃的地方，地下党出现很多。

胡尚志老师对"蒲口顿码头"简介提了意见，并针对"蒲阳县"的命名及由来做了详细说明。"林盘文化"具有本土特色，建议连同挖掘，整理出本地的历史人物、传说、民俗活动、老照片和文献等，一并做窗口展示，带动周边"林盘式"的旅游和餐饮发展。

闫大树老师针对"简介"标题做了建议，建议内容增加码头的由来，内容中呈现出当年的繁荣景象。建议开发相关旅游项目及餐饮等。河道内可设置游船、竹筏、渔船（鱼鹰捕鱼）、垂钓等游乐项目。至于景区内景点、景观的培育，可适当建一些亭、台、阁、廊，河岸遍植垂柳，间种榕树，营造出"柳浪闻莺"的天然景观。河岸以远种植松、竹、梅、桂和本地特有树种，乔、灌、草地相间，愈显自然愈好。

傅军老师建议，石碑上文字修改为"蒲口顿"，一目了然；简介重点挖掘"顿"的文化内涵，建议将整条水上走廊整体规划打造，并用一句广告语吸引眼球，重点挖掘可以吸引游人的景点。

凡丁老师提了自己的看法。他说，据《蒲口顿码头简介》说，"依政古城位于东面，离此（码头）约一里许，两河口（蒲口顿原址）亦在此（码头）河段数百米处。"按此说法，我认为蒲口顿的打造不应仅仅限于码头这个点上，而是把码头作为一个点延伸连接两端的、历史上真实存在过的依政古城和古蒲口顿，而古蒲口顿的勒石，最好还是在两河口。这样既尊重历史，不至于引起域名冠名权的纠纷；至于码头在哪里，只要是在这段河道上都讲得通。这样的话，正好利用此一公里左右的河道和河岸，拓长码头，拓宽码头的含义，培育码头景观，彰显码头文化，非常适合旅游观光。至于景区内景点景观的培育，可适当建一些亭、台、阁、廊。忌讳建筑楼堂馆所，因为码头离镇很近，所有游客购物和食宿在镇上就可满足。像亭、台、廊、阁，不仅是风景点缀的需要，更是宣传的窗口。而"林盘文化"具有本土特色。连同发掘、整理出的本地历史人物、传说、民俗活动、老照片，文献等，可一并在这些"窗口"展示宣传，带动周边"林盘式"的旅游和餐饮发展；河道内可设游船、竹筏、渔船渔鹰捕鱼、垂钓等游乐项目；最好还能挖掘恢复一些当地固有的、传统的民俗活动。总之，打造后的古蒲口顿应具有本土特色，不能千人一面。

4月14日，由成都市社科联、成都日报主办，成都市易学研究会承办的"易学学术沙龙"活动在成都市退休职工活动中心举行。沙龙由常务理事钟易源主持，会长刘宗炎，名誉会长皮天祥，副会长、秘书长谢涛，副秘书长曾华秀、王能，常务理事王天杰，学会会员以及易学爱好者等24人参加。本次活动由常务理事刘运林老师主讲，主要内容是霍斐然先生独创的"小成图的基本模型结构和推算方法"。

解读"小成之大乘"

霍斐然先生，究象术，究易理，六十余载，于道学诸家术数之学无所不窥。独得大易《系辞传》、《说卦传》之正解，开创《小成图》占法继往开来。霍斐然先生的《周易正解》——小成图预测学讲义，是一本里程碑式的著作，是让我们能真正读懂易经的书。它是我们当今易学人的灯塔，它是我们当今易学人的宝典！

易者，象也。象也者，像此者也。八卦以象告，八卦包罗万象。象中有数，数中有象，象数不二。象数理占是易学的四大组成部分，但象数是核心。读了霍先生的正解，我们明白了六十四卦的卦、爻辞基本上都是出自六十四卦各卦之象数而来的。再读易经卦爻辞就基本知道其所以然了。霍斐然先生把易经天书难解之经变成"易经"，功莫大焉也！

淹没在历史烟尘的"小成图"占法已经两千多年了，霍斐然先生从"系辞传"中把它考究挖掘出来，确实让人耳目一新，让人振奋！宋朝邵康节先生创立了《梅花易数》。其实"小成图"开象数预测的先河，可以说是象数预测法的鼻祖了。

小成图断卦主要范围有事业、升职、学业、考学、学历、文凭、测动态、出行、测财运、钱财、收入、投资、测合作、测争执、口舌等日常生话问题。

刘运林老师着重讲解了小成图的运用方法，分析思路和部分案例。并结合自己对易学的理解，无私地把自己的研究成果跟大家分享，广大会员和爱好者听得津津有味。

副会长、秘书长谢涛发表了自己对易学象术的见解，用几个卦例演示了具体分析卦象的步骤和方法。告诉大家如何脱离文字注解，直接从卦爻符号提取最直接的信息，把沙龙活动的气氛又带到了一个新的高潮。

大家都纷纷表示本次活动非常成功，新会员更是觉得获益匪浅，踊跃提问，希望今后可以听到更多类似的课程，并表示努力学习、共同进步！

春日品茗话甘露

4月25日，成都国学研究会在成都宽巷子可居茶苑举办主题为"春日品茗话甘露"的沙龙活动，领衔主讲专家为蒲正信、肖烈。

世界茶文化发源地是四川雅安市蒙山县蒙顶山。因《尚书·禹贡》载"蔡蒙旅平，和夷衣绩"而名列经史不绝书，更因大禹治水成功，登蒙山，被称为"华夏祖先祭天第一山"。蒙山以"烟雨蒙沐"而得名，雾多雨云多，春香夏凉秋览冬雪，得天独厚的生态环境，孕出了中国十大名茶之凤凰甘露是自然之事。

蒙山甘露是为纪念在蒙山种茶的祖师吴理真。吴理真始植茶于蒙山并入贡皇室，经宋、元、明、清，为历代皇帝祭天祀祖之用。"扬子江中水，蒙山顶上茶"，因此而成为蜀中大小茶肆张贴的联语，以招饮客。历代诗人也留下了不少赞美蒙山茶的诗句，白居易《琴茶》诗中"琴里知闻唯渌水，茶中故旧是蒙山"之句，将蒙山与著名曲牌"渌水"同夸并称；另一首诗中说："蜀茶寄到但惊新，渭水烹来始觉珍。满瓯似乳堪持玩，况是春深酒渴人"，写出了白居易对蒙山茶的钟爱之情，盼望酒后想饮到蒙山春茶的心境真实地表达出来。黎阳王在《蒙山白云岩茶》诗中写道"闻道蒙山风味佳，洞天深处饮烟霞"，"若教陆羽持公论，应是人间第一茶"，对蒙山茶评价是致极高妙的。刘禹锡也有"何说蒙山顶清春，白泥赤印走风尘"之句，把蒙山茶入贡京师，星夜兼程，快马扬鞭的情景写得活灵活现。宋代文彦博在《蒙山顶》诗中有"旧谱最称蒙顶味，露芽云叶胜醍醐"之句；诗人、画家文同有"蜀土茶称圣，蒙山味独珍"的赞颂；陆游更有"朱栏碧甃玉色井，自候银瓶试蒙顶"的亲自煎茶而形喜于色的感受体验。梅尧臣《得雷太简·自制蒙顶茶》诗中有"陆羽旧茶经，一意重蒙顶"的名言。元代李德载也有"蒙山顶上春先早，扬子江心水味高"之吟唱，把镇江长江中的泉水泡蒙山茶的民谣直接入于诗中。清代赵恒在《试蒙茶》诗中，也有"色淡香长品目仙"之句。历代诗人的拈颂，更给凤凰甘露引发出了蒙山茶文化不少的民间故事和传说。

据说蒙山有一僧人，长期患疾，久治不愈。一日，遇一白发老翁，怜其痛苦，便告知说："可在蒙山顶上清峰结茅而居，待至春分时，闻雷声大作之际，起而采茶，用蒙山泉水煎服，即可痊愈。"僧人依白发老翁之言，果得春茶少许，煎而服之，病即初愈，再饮服，青春焕发。据称僧人"时到城市，人见其貌，常若三十余（岁）"。

关于吴理真种茶，更有一个美丽的传说：相传很久以前，青衣江有鱼仙，因厌倦水底的枯燥生活，遂变化成了一个美丽而漂亮的村姑来到蒙山，碰见了一个叫吴理真的青年，两人一见钟情。鱼仙掏出了八颗茶籽，作为定情之物，相约来年茶籽发之时，前来和吴理真成亲。鱼仙走后，吴理真将茶籽种在蒙山顶上。第二年春天，茶籽发芽了，鱼仙出现了，两人成亲了，成亲之后，两人恩爱，共同劳作培育茶苗。鱼仙解下肩上的白色披纱，抛向天空，顿时白雾弥漫，笼罩蒙山顶，滋润茶苗。茶树越长越壮旺，鱼仙生下了一儿一女，每年采茶制茶，生活幸福美满。可是好景不长，鱼仙私离水府，与凡人私配成亲的事，被河神发现，强令鱼仙回水府。鱼仙无奈，只得忍痛离开。鱼仙临行，吩咐儿女要帮助父亲培照好满山茶树，并把变化白雾的白纱披肩留下，让它永远笼罩蒙山，滋润茶树。吴理真一生种茶，至八十岁时，思念鱼仙，最终投入枯井去追寻鱼仙。

鱼仙与吴理真种茶的传说，编个故事也在情理中。佛家提倡"禅茶一味"，据说宋代的皇帝将吴理真谥封为"甘露慧妙济禅师"。

4月25日，新津县社科联在南河南岸樟树休闲村举办了本年度第二期学术沙龙，沙龙邀请了部分新津文化界人士参会，大家就"槐轩学派与新津老君山"这个主题进行了广泛深入的探讨。在四川广有影响的槐轩文化与新津有密切关联，专家们对槐轩文化在新津的传播、影响，以及槐轩学者遗留在老君庙的文化遗迹作了梳理，并对开掘、利用槐轩文化遗迹提出了一些看法，对唤醒在新津沉睡多年的槐轩文化研究有一定的意义。

槐轩学派与新津老君山

老君山在县城南面，距离县城2公里，海拔560米。此地相传为老子隐居之所，山顶建有老君庙，创建于汉代，鼎盛于唐宋，明甲申年毁于兵燹。经清代嘉庆、道光年间修葺，老君庙成为川西名宫观之一。1985年，老君庙被列为四川省重点文物保护单位。由于老君庙在四川道教中占有重要地位，老君山因此成为文化山。老君庙格局比较宏大。建筑群依山势纵向布局，高低错落排列。由下至山顶分别为山门牌楼、灵祖楼、混元殿、三清殿、七真殿、斗姆楼、三元殿，其余宿舍、善堂、花圃分列殿宇侧。植于明代，今仅存的200余株参天古柏间杂其间，一派清新肃穆。灵祖楼、混元殿、三清殿、斗姆楼、三元殿为单檐硬山式建筑，均为三柱五开间，人字屋顶，山墙两际砌方砖博风板及墀头花饰，屋脊上配仙人走兽和鸱吻饰物，柱础石为圆雕食盆式。全部建筑系典型清末民国间风格。目前老君庙是四川境内重要道教圣地。

清代大兴佛教，道教比较衰落，但新津老君山老君庙却是一个例外，香火旺盛，影响极大。其中，槐轩学派起了重要作用。槐轩学派是清代中期成都土生土长的一个学派，这个学派在四川有广泛深刻影响，流传百余年，至今仍有余音。关于槐轩学派，应当了解几个基本事实。创始人刘沅（1767-1855），字止唐，双流人，有《槐轩全书》等著作200多卷传世。这个学派约在刘沅40岁左右形成。当时他的主要著作《七经恒解》《槐轩要语》等基本完成，所办私塾学生弟子已经很多，影响范围不断扩大，槐轩学派初具规模。由于刘沅后来迁居到成都，居所有槐树，自称私塾为"槐轩"，以后人们即以槐轩学派命名。

槐轩学派主要包括三大体系：一是教育体系（主要是办学），二是慈善体系（医药事业在内），三是礼教体系（法言坛在内）。槐轩学派与新津有关的主要是它的礼教体系。

槐轩学派的礼教体系包含法言坛，法言取自西汉郫县人扬雄著作。刘沅的法言坛与道教的火居派非常密切，四川火居道士的种种仪轨据说就是槐轩学派定下的。道教分全真派和正一派。正一就是火居道士，这一派居家融入日常生活，即人们日常生活所见道士。

刘沅为了打造他的礼教体系，在成都和新津两地各建了基地。新津就是老君山老君庙。刘沅选择这里与他的新津籍弟子孙海山有关。孙海山是刘沅的四大亲传弟子之一，但这个孙海山留下的事迹不多，现永商还有他的老宅。刘沅选择老君山时间约在1820年，此时老君庙已经相当衰败，刘沅召集门人弟子募化将其重新打造，所以后来老君庙又称"刘氏家庙"。槐轩学派在老君山的事迹主要是讲学，并实践法言坛。法言坛取西汉郫县人扬雄《法言》某些思想做底蕴，糅合儒道观念杂揉而成。它有一整套仪轨，打醮、供天、做法事、念经诵道，祭祀天地神鬼以祈求清洁平安。因此法言坛有太多道教的底色，又紧紧联系着日常生活，所以刘沅被尊为"道教火居祖师"。老君庙在1920年代末期又遭遇了一次大火，主要殿宇全部焚毁。槐轩学派门人再次募捐重新修建了庙子。所以槐轩学派对新津老君山老君庙功劳极大。

目前老君庙依然有浓重的槐轩学派痕迹。主要体现在槐轩学者留下的大量对联诗文及其书法手迹。诗文对联文词优美，意涉道教法理，有深厚的国学根基。槐轩创始人刘沅、其子、其弟子皆在老君庙留下诗文，至今仍存，是研究槐轩学派重要文献。槐轩学者的书法既有深厚的根基，又有一定创新，不是死板描摹字帖。或者与其所倡导的学问思想有关，其书法颇有一种庄严正大气象。在四川近代书法史上应该占有重要地位。老君庙里的牌匾对联碑刻，刘沅家族四代具有。刘沅的书法对联，现存一幅木刻对联。取法二王之古雅，略参己意。其子刘豫波、其孙刘咸忻之碑刻则带有才子气，字体飞动，但不流滑。其曾孙刘东父的木刻立匾，严谨秀雅。仅从碑刻书法上讲，槐轩学者在老君庙留下的法书历经一百多年，今日

已经完全成为新津或者说成都的一道风景线，其价值和内涵都值得关注和研究。

1940年代后，由于槐轩缺乏掌门人，槐轩学派渐次衰败，新津老君山也因此寥落，直至1980年代才渐次兴旺，但槐轩学派与老君山的关系却被人遗忘，老君庙里的槐轩文化也不被人提起，只知道老君庙是一座香火旺盛的道教庙宇。槐轩学派曾经是四川、成都的一座文化奇迹，其能传递百年，必有其生命力，也必有其价值。这份遗产我们应好好珍视。对新津而言，应把老君庙内的槐轩文化遗迹的研究开掘利用提到议事日程，让这份文化遗产在新津旅游事业的大发展中发挥它的正能量。

槐轩学派在新津其实传播时间比较长，有四个新津籍人士孙、董、杨、黄在新津发展了一大批门徒，民国时期很有影响。1950年后停止活动。因此，槐轩在新津底层社会的影响值得研究，但目前是空白。

5月16日，成都国学研究会在蒲江县碧云寺时轮坛城举办题为"香格里拉传出的生态文明——人与大自然的时轮相应"的学术沙龙活动，共14人参加。主讲人弘学就《消失的地平线》描写的世外桃源不是真实的香格里拉、历史上真实香格里拉名香巴拉、香格里拉的生态文明——人与自然相应的时轮相应、藏文经典里时轮相应等内容，进行讲解。

香格里拉传出的生态文明

一部外国人写的《消失的地平线》小说，掀起了"香格里拉"的热潮。随着旅游业的发展，四川的稻城、云南的中甸都称自己是"香格里拉"。其实都不是。真正的"香格里拉"在藏语经典有明确记载，叫"香巴拉"。它真实地存在过。公元1026—1041年间，有两名叫大时足和小时足的父子，从香巴拉出来，宣传弘扬"香巴拉的生态文明——人与大自然相应的时轮教法。"这在藏文经典的《时轮经》里有明确的记载。

在公元9世纪到13世纪，出现伊斯兰教入侵印度所造成的恐怖与混乱，由香巴拉同王苏禅德拉举行了一只大规模的集结，有景教、摩尼教、伊斯兰教、印度教徒参加。在时轮经典的原始教本里，明确地包括耶稣、摩尼、穆罕默德。集结的成果就是《根本怛特罗》12000颂，经考证《根本怛特罗》即《时轮经》，有注释书《维玛拉普拉巴》传世。

香巴拉真实的地址何在？西方一位藏学者海尔穆·霍夫曼认为在阿富汗与原苏联之阿木达雅河河岸，即可能在撒马尔罕东边之帕米尔高原。据藏文资料，也有学者提出在塔里木盆地与吐鲁番盆地。弘学老师认为，更可能在喜马拉雅山之克什米尔、印度及我国交界之雪上谷地。

时轮相应主要是指人体与大自然相应，与印度的"梵我一如"和我国的"天人合一"有相似之处。时轮相应提出的生态文明是说，人体是小宇，是小时轮，大自然是大宇宙，是大时轮；人与其相应就是别时轮。相应的方法就是六支瑜伽法。

时轮经提出了时轮本尊，这都是有象征义的，其身体的各个部位，都象征宇宙的运转如春、夏、秋、冬及二十四节气等。同时对人的生命生存空间，提出了脉结学说。

5月14日下午，由郫县邮政局、郫县文联、郫县社科联承办的以"扬雄及扬雄邮品的设计与发行"为题的成都学术沙龙在郫县友爱镇举办。参加沙龙活动的有郫县邮政、文化、宣传等部门人员和驻县高校以及本土扬雄研究的专家学者等10余人。大家畅所欲言，围绕扬雄文化和扬雄邮品的设计等进行了热烈的讨论。

扬雄及扬雄邮品的设计和发行

郫县邮政局副局长张榜文把当天的活动背景做了详细的介绍。他说，郫县是个人杰地灵的地方，历史悠久，文化璀璨，拥有众多城市不可多得的历史人文和自然生态优势。为彰显历史文化，中国集邮总公司将于2013年9月中旬发行《中国古代文学家（第三组）》纪念邮票1套4枚，其中西汉大儒、蜀郡郫县人扬雄就是其中之一。这套邮票发行意义重大，是展示郫县历史文化资源和提升郫县城市魅力的标志。经过多方努力，我们争取到了该套邮票在成都地区的首发权。同时，我们还结合目前城市发展趋势，以"水润蜀都，生态郫县"为主题，制作一些专题邮票，通过"国家名片"展示郫县魅力。在向县委宣传部领导汇报工作中，明确了有三大活动开展，即扬雄文化研究会的成立、扬雄文化高端研讨会的举办和邮票首发式，目的就是宣传郫县。今天主要就是想请各位专家不吝赐教，就扬雄这个题材的文字、图片等方面进行讨论。

成都市邮资票品局郑仁伟局长首先感谢各位专家的光临指导。他说，发行《中国古代文学家》纪念邮票，对于郫县来说是个好事。接着他将《中国古代文学家》纪念邮票发行的前因后果、目前成都邮票发行的几件大事以及郫县的历史人文优势做了简介，并着重介绍了该套邮票的设计方向：第一，重点是扬雄，要做一本扬雄邮册，再把扬雄的重点辞赋装进去；第二，郫县有很多独特的文化，如郫县豆瓣、鹃城、蜀绣等，要通过图书形式和邮票结合起来，同时，还考虑制作个性化邮品。郑局长还利用投影仪，结合最近成都开展的一些重大活动设计的邮品进行了展示解说，让大家对邮票的设计制作等有了更进一步的了解和认识。

然后，与会专家展开了热烈的讨论：

吴华章（郫县文联秘书长）：国家邮政局以文学家纳入扬雄，但我们仅限于文学家的话，就太偏颇了。实际上，扬雄是中国古代学术体系最完备的一个人。文学只是占很小一部分。他的主要成就还是哲学、文字学、历史学等。把图书和邮票结合起来，很好，既有收藏价值，又有阅读价值。具体的还是有请我们的专家们来介绍。

纪国泰（西华大学教授）：我先说对邮票主题词的看法。"望丛故里、鹃城郫县"的提法，既不准确也不响亮。不如直接打个"扬雄故里"。"鹃城郫县"说法重合，不如改为"古蜀名都"。另外，"蜀中大儒"的提法，应为"西道孔子"或"西汉大儒"。扬雄确实是郫县的骄傲，他官位不高，与他同时代的桓谭却给予了他很高的评价，桓谭的学生张衡就是造地动仪的，师徒二人说他不仅是西道孔子，亦东道孔子。扬雄的粉丝都是中国历史上很有名的史学家、文学家，近年来学术上的讨论很多。现在我正在写的论文题目就是《四论扬雄高尚的人格》，两万余字。他侍王莽作为后来南宋对他的诋毁，我认为这不是耻辱，而是光荣，说明他有超前思想，本来他就是个特立独行的人。写他的诗词话语很多，如刘禹锡的《陋室铭》中的"南阳诸葛庐，西蜀子云亭"以及杨升庵等等。如果能把在中国历史上有影响的扬雄的粉丝这些人说的话做成邮票就很好。

王博士（西华大学）：2008年我们西华大学就郫县做过一个全县的文化调查。2013年的9月份，我们还会一起举办高端扬雄文化研讨会。我有几个小的建议：有关扬雄的文字一定要谨慎，网上下载的很不专业，要认真斟酌。画像能不能不要雕塑的，请一个好的画家来画？还有，中英文对照要认真，否则会错误百出。

孙宗烈（郫县本土扬雄研究专家）：我是郫县人，我狂热地崇拜扬雄。我出的一本书就是《被历史湮没的背影——郫县的文化名片扬雄》，还获得了成都市社科联的奖励。我认为，扬雄是中国儒学史上唯一在哲学、文学、语言学、文字学、历史学上有独创专著的文化巨擘。扬雄在儒学界的地位很高，从汉到宋，都在孟子之上。西汉张子侯称他为"西道孔子"，桓谭进一步说，扬雄不仅是西道孔子，也是东道孔子，言下之意，扬雄是西汉全国的"孔子"，也就是西汉儒学界的学术泰斗。司马光更说得明白："扬子真大儒耶！孔子既没，知圣人之道者，非扬子而谁？荀与孟殆不足拟，况其余乎？"王安石有诗句说："儒者陵夷此道穷，千秋只有一扬雄。"宋神宗把扬雄请入文庙配祀孔子，300多年后被朱元璋赶出。扬雄之所以被中国文化史湮没，并不是他的学术思想在文化生态的自然选择中被淘汰，而是遭受两个封建帝王的政治打击被排斥出局的，这两个帝王一个是明太祖，推崇朱熹理学，把扬雄赶出文庙；一个是清康熙，为了镇压汉族臣子的反清心理，鞭尸扬雄，打死人吓活人，把扬雄打进十八层地狱。扬雄的《剧秦美新》，被朱熹、明太祖、清康熙认定为"变节"的铁证。我认为《剧秦美新》的观点是完全正确的，因为客观上，王莽的改革是符合民众利益的，应该赞美；主观上，王莽的改革符合扬雄关注民生这一政治理想，更该赞美。至于说画画上，我认为郫县人万若愚画得最好。

卫志中（本土扬雄研究专家）：扬雄是个国家级的人物，出生在郫县，是郫县的骄傲。我早几年写了一本书，谭继和老师给我定了一个书名叫《西汉那个孔子——扬雄》，扬雄是个标杆式的人物。当然，要在一枚小小的邮票上，要体现全面的扬雄，那不容易。我觉得先抓住赋来说也好，先抓住文学这个视角来讲也行，毕竟是从中国文学家这个角度在宣传，把"四赋"、"逐贫赋"和最具代表的"蜀都赋"放进去。"蜀都赋"写的是成都，更应该放进去。我们研究成都古代风土人情，甚至川菜，都要引用这个赋。

刘胜富（四川省作协作家）：我不是郫县人，但是我在郫县生活过，我先从文学这个角度来谈谈。虽然定位为文学家，但是扬雄主要的贡献不在文学，而是哲学、语言学、文字学和历史学等。虽然他的赋写得好，但是实际上他是看不起赋的。他认为作赋是"童子雕虫篆刻"，"壮夫不为"。另外还提出"诗人之赋丽以则，辞人之赋丽以淫"的看法，把楚辞和汉赋的优劣得失区别开来（《法言·吾子》）。扬雄关于赋的评论对赋的发展和后世对赋的评价有一定影响。对于后来刘勰、韩愈的文论也很有影响。我认为，扬雄的定位如果要说他是"西汉孔子"，如果他在世的话肯定不会同意，因为实际上他是高于孔子的。如果一定要定位他是文学家，那应该加两个字"文学理论家"。我觉得我们发掘他，更应该尊崇他。

陈志安（郫县本土扬雄研究专家）：我是搞文学的，对扬雄更多的是乡土情感，在当时艰苦环境下，关于他的人品、学问和奋斗精神等思考得多一些。我也写了很多现代的赋，汉赋当时的文风就是铺陈，一长串一长串的来，很多是言之无物。小赋更多的是情感、议论和自己的见解等。从文学理论上来说，确实是一种进步和发展。我认为，要把扬雄这个事情放大，不局限于国内，更要着眼于国际。赞成卫志中的观点，加一些赋进去。同时，这本书选录的赋，要扩大研究的话，精彩的话，要进行译注（刘胜富插话：还可以把李白、杜甫等列代名人论说扬雄的文字辑录下来，装进去），这样，对扬雄的肯定就自然在其中了。我比较赞同已有的这些东西，对扬雄已有的定性，所加的定语，已经在史学界的定论，就不要再去推翻了。

侯晓东（中共郫县县委宣传部副部长）：今天上了一课，受益匪浅。第一，首发式对于宣传部来说，很早就进行了安排，要搞一系列的活动，要成立扬雄文化研究会，要开展扬雄文化国际高端研讨会。我认为，现在搞这些活动正当时。郫县的定位是"水润蜀都，生态郫县"，要有支撑，要有文化，如果只有景观，没有文化，打造出来的就很单薄。郫县要努力建设"更加生态、更具品质、更为富庶的美丽郫县"的目标，我们开展的这些活动，正当时。第二，开展这个活动要有严谨性。不论是画像、辞赋还是中英文对照，都一定要尊重专家、学者的意见。我们县域内有这么多致力于扬雄研究的专家，让这次的发行，不管在哪个方面都要经得起推敲，不要整砸了。第三，眼光上要有世界性。扬雄的影响，不仅是中国名人，更是世界名人。推广郫县形象，就是世界级的推广。文化的影响力，是漫长的，是长期的过程，争取县委、政府长期的支持。甚至在学术上，一些观念的变更，意义更长远些。

初探长寿文化奥秘

等，中国人从未中断过对健康长寿的追求，这是中国传统文化的一个重要组成部分。

据世界卫生组织公布的各国人均寿命排名，中国居第95位，人均寿命72.22岁。联合国规定的长寿之乡的标准是每10万人中拥有百岁寿星7.5人。目前，全世界有7个地方被国际自然医学会认定为长寿之乡，其中中国有四个，它们是：江苏如皋、广西巴马、新疆和田和海南三亚的南山。据科学推算，人的自然寿命是110~120岁，为什么大多数人活不到100岁呢？

《黄帝内经》黄帝与天师岐伯对话中指出，"昔在黄帝，生而神灵，弱而能言，幼而徇齐，长而敦敏，成而登天。乃问于天师曰：余闻上古之人，春秋皆度百岁，而动作不衰；今时之人，年半百而动作皆衰者，时世异耶？人将失之耶？岐伯对曰：上古之人，其知道者，法于阴阳，和于术数，饮食有节，起居有常，不妄作劳，故能形与神俱，而尽终其天年，度百岁乃去。今时之人不然也，以酒为浆，以妄为常，醉以入房，以欲竭其精，以耗散其真，不知持满，不时御神，务快其心，逆于生乐，起居无节，故半百而衰也。"这段对话充分说明，人的生活方式对于健康长寿具有很大的影响。但除了积极养生保健之外，我们还可以另辟蹊径，从命理学的角度来看看人的寿命是否在命局中有相应的体现。

6月9日，艾叶又飘香，时间近端阳。端午节即将到来之时，由成都市社科联、成都日报主办，成都市易学研究会承办的易学学术沙龙活动在成都市退休职工活动中心举行。会议由常务理事王天杰主持，会长刘炎炎，名誉会长皮天祥、王世廉，副会长、秘书长谢涛，副秘书长曾华秀、王伦，常务理事刘运林，学会会员及易学爱好者共29人参加了学术沙龙。本次活动由常务理事钟义源老师主讲，主要从中华传统长寿文化中探索人生长寿的话题。

生命是人类最宝贵的财富，长生则是所有人的共同理想，每个人想健康长寿，长命百岁，长生不老。历代关于长寿文化各类著作、方略成千上万。在我国民间流传着一个个动人的传说故事，嫦娥偷灵药、彭祖不老、秦始皇求仙、汉武帝炼丹

命理典籍《滴天髓》中说："何知其人寿？性定元神厚。"这句话从"源流说"、"元神说"、"静者说"三方面说出了人们长寿的奥秘。静者寿，柱中无冲无合，无缺无贪，则性定矣。元神存者，不特精气神气皆全之谓也，官星不绝，财神不灭，伤官有气，身弱印旺，提纲辅主，用神有力，时上生根，运无绝地，是元神厚处。八字命理学中四柱得地，五行停匀，所生合者皆闲神，所化者皆用神，冲去者皆忌神，留存者皆喜神，无缺无陷，不偏不枯，则性定矣。性定不生贪恋之私，不做苟且之事，为人宽厚和平，仁德兼资，未有不富贵福寿者也。元神厚者，官弱逢财，财轻遇食，身旺而食伤发秀，身弱而印绶当权，所喜者皆提纲之神，所忌者皆失令之物，提纲与时支有情，行运与喜用不悖，是皆元神厚处，宜细究之。清而纯粹者，必富贵而寿；浊而混杂者，必贫贱而寿。

长寿原因：此命局从巳火起源头，生丑土，丑土生辛金，辛生癸，癸生甲，甲生丙火；甲禄居寅，癸禄居子，丙禄居巳，官坐财地，财逢食生，五行元刘皆厚，四柱通根生旺，左右上下有情，为人刚柔相济，仁德兼资，贵至三品，富有百万，子十三人，寿至百岁，无疾而终。

《滴天髓》又从反面指出"何知其人夭？气浊神枯了"，讲出人们不能够长寿的原由。气浊神枯之命极易看，印绶太旺，日主无着落，财杀太旺，日主无依倚，忌神与喜神杂而虞，四柱与用神反而绝，冲而不和，旺而无制，湿而滞，燥而郁，精流气泄，月悖时脱，皆无寿之人。

气浊神枯之命，浊字作一弱字论，气浊者，日主失令，用神浅薄，忌神深重，提纲与时支不照，年支与日支不和，喜冲而不冲，忌合而反合，行运与喜用无情，反与忌神结党，虽不寿而有子。神枯者，身弱而印绶太重，身旺而克泄全无，然重用印，而财星坏印，身弱无印，而重叠食伤，或金寒水冷而土湿，或火炎土燥而木枯者，皆夭而无子。

死亡原因：此造三印扶身，辰酉合而不冲，四柱无水，似呼中格。第支皆湿土，晦火生金，辰及木之余气，与酉合财，木不能托根，与酉化金，则木反被其损，天干两乙，地支不载，凋可知矣，由此推之，日元虚弱，至午运，破酉卫卯，得一子；辛巳全会金局坏印，则元气大伤，会财则财极必反，夫妇双亡。

《滴天髓》中还指出"人有厚薄，山川不同，命有贵贱，世德悬殊"是影响人生寿命的因素。自然生话环境、生活习惯、个人修为等诸多因素，都会影响人的寿命。

7月14日，由成都市社科联、成都日报主办，成都市易学研究会承办的易学学术沙龙活动在成都市退休职工活动中心举行。活动由常务理事刘运林主持，会长刘宗炎，名誉会长皮天祥，副会长、秘书长谢涛，副秘书长曾华秀，常务理事钟义源，以及学会会员、易学爱好者共31人参加，常务理事王天杰老师主讲"奇门遁甲还原于古代战争"专题。

奇门遁甲还原于古代战争

"奇门遁甲还原于古代战争"解读三国《赤壁之战》，主要从以下几个方面进行了论述。

一、奇门遁甲的形成与发展：传说黄帝战蚩尤于涿鹿旷日持久。一天夜里梦见天神玉女传授阴符经文，于是就命令风后演成《奇门遁甲》。从此奇门遁甲就开始兴起。后来，尧帝命大禹治水，因洛龟而画九畴，奇门遁甲之数得以完善。从此《奇门遁甲》之书就形成了。奇门遁甲的发展路线是黄帝→西周→西汉→三国→唐朝→明朝；风后→姜子牙→张良→诸葛亮→袁天罡→刘伯温。

二、奇门遁甲军事运用原理：

（一）主客原理。客→天盘星，比如：我去寻人，我就是客。他来找我，他是客。主→地盘星，比如：我去寻人，就是他人为主。他来找我，我就是主。

以此来分析，生我，我生。主客随机应变，不可偏颇。反主为客，反客为主，都要从三盘的变化中而进行相应的变化来分析。

（二）生旺休囚原理。主客确定后还得看生克的旺相休囚关系，如天盘九星、奇仪、八门属金，加在地盘星属木，即：金克木，客克主，若金旺相，则克衰败之木，主必败。金克木，客克主，若金衰败，则克旺相之木，客则败。如果天盘木星加于地盘火星之上，战利为主。

（三）攻守原理。"九地"为主；"九天"为客。天盘为客应动而攻之；地盘为主，应静而守之。九天→乃捍卫之神所居之宫。其体属金，性刚好动，为吉神，属兵家三胜五不击之一。我军若居九天之地，敌虽众而不能胜。与景门合三奇临九天，为五假之天假。得三奇之灵，百事大吉。九地→为坚牢之神所居之宫。其性好静，操生死杀夺大权。属兵家不击之一。若门奇合九地，亦为三诈法合重诈之地。若我军居九地，可潜藏埋伏，遁迹潜形。

三胜法则：

（1）值符宫。上将居之，用兵击其冲，百战百胜。宜坐值符宫，不可向值符宫。

（2）九天宫。上将居之，用兵以击其冲，敌虽众强亦不能敌我之锋利，以获大胜。

（3）生门宫。合乙丙丁三奇为上，上将引兵从生门而击死门。百战百胜。

五不击法则：

天乙宫→值符所临之宫。九天宫→九天所临之宫。生门宫→生门所临之宫。九地宫→九地所临之宫。玉女宫→玉女所临之宫。

九胜法则；即背天目，向地耳→卯为天目，酉为地耳。六甲为青龙→六丁为天目→六癸为地耳。玉女宫→玉女所临之宫。

六甲旬中，庚为天目，戊为地耳。

甲子旬中，庚午为天目，戊辰为地耳。甲戌旬中，庚辰为天目，戊寅为地耳。甲申旬中，庚寅为天目，戊子为地耳。甲午旬中，庚子为天目，戊戌为地耳。甲寅旬中，庚申为天目，戊午为地耳。

跟据以上奇门遁甲在军事领域的理论，论述结合三国《赤壁之战》，对三方军事布局用兵情况作了以下深入分析。

三、奇门遁甲用事局：

赤壁战前形势：建安十三年（公元208年）正月，曹操基本上统一北方之后，回到邺城（今河北临漳西南），立即开始为南征做好军事上和政治上的准备。

公元208年阴历丑时，戊子年甲子月乙丑日丁丑时，阳遁一局，甲戌旬、值符天芮、值使死门，孙权、刘备联军向曹操发起进攻时间，以下起奇门遁甲用事局课。

（一）从奇门遁甲用事局解析此局：如果

行兵打仗，值符落在兑七宫，天芮星生兑宫，惊门也落在兑七宫，为伏吟，打仗不宜主动出击；时干丁落在乾六宫，为入墓，也不宜主动出击。在西北方布阵（西北逢开门），在北方和东北方设下埋伏（即太阴和六合位）。在南方虚张声势，诱使对方来犯（景门），如果用所布阵西边的兵力来迎敌，奇兵分为西南和东北两股力量进行夹击猖狂的敌人。如果在南方后也可以出兵追击敌人，（临九地，辛+乙），敌人从离宫败退向东逃跑，此时应该在东北、西南、北方、东方四处合而围剿（东方丙+庚）。同时防范军中虚惊之事（值符临惊门）和放火之事，但起火后将会自己熄灭（时干丁火入乾宫）。

（二）从奇门遁甲用事局主客关系分析：值符己遁甲戌，代表主方（即孙刘联盟方），落在奇门遁甲局盘兑七宫，为金；庚代表客方（即曹操进攻方），落在巽四宫，

为木。金克木，主克客，为主胜客之象。

（三）从奇门遁甲用事局旺衰分析：庚落巽四宫较旺，己落兑七宫也较旺，因此，主客双方都不相上下，都比较强势。

（四）从奇门遁甲用事局攻守分析：诗曰："景上投书宜破阵，惊能擒讼有声名。"惊门落在兑七宫，临值符，主方攻守自如。

（五）从奇门遁甲用事局主方如何面对客方的进攻分析：

诸葛亮运用奇门祭东风。

《三国演义》载，瑜曰：愿先生赐教。孔明索纸笔，屏退左右，密书十六字曰："欲破曹公，宜用火攻；万事俱备，只欠东风。"

孔明曰："亮虽不才，曾遇异人，传授《奇门遁甲》天书，可以呼风唤雨……"

孔明曰："甲子祭风，至二十二日丙寅风息，如何？"

《三千五百年历日天象》有记载："东汉建安十三年戊子。十二月壬午朔，十五丙申小寒，三十辛亥大寒。闰十二月壬子朔，十五丙寅立春。"

四、从奇门遁甲用事局还原于古代战争：

（一）孙权，刘备的用兵法则

1.在长江北岸乌林为太极，曹操为出发地，在奇门遁甲局上就是西北方位，也就是乾六宫，落开门，逢日空，又丁+癸，处于不利地位。

2.在长江的东南岸的赤壁，奇门局上巽四宫，临杜门、玄武，庚+辛，进攻西北方乌林。反主为客。

3.在长江南岸赤壁与北岸乌林对峙，奇门局上离九宫，临景门，九地辛+乙，安营立旗，又用黄盖诈降，诱使曹操。

4.在长江南岸，又派甘宁打着曹操之旗号取乌林（即曹操）屯粮之所。令吕蒙领兵300人接应甘宁，后应乌林之战。

5.在乌林以西，奇门局上兑七宫临值符，己遁甲戌，又临惊门，诸葛亮布置赵云、张飞、关羽各领兵到彝陵、乌林、华容道埋伏。

6.在乌林东北方，奇门局上艮八宫，临生门，六合，正是孙权与刘备汇合之处。

7.在乌林之北，奇门局上坎一宫，休门临太阴，癸+戊，即北彝陵，诸葛亮派张飞。

（二）从奇门遁甲用事局分析曹操被打败

《资治通鉴》载：操引军从华容道步走，遇泥泞，道不通，天又大风，悉使羸兵负草填之，骑乃得过。羸兵为人马所蹂藉，陷泥中，死者甚众。

许昌—新野（樊）—襄阳—当阳（长阪追击战）—江陵—巴丘—赤壁（败）—华容道（云梦大泽）—巴丘（烧船）—南郡—谯。

结论：

1.通过赤壁之战分析，《奇门遁甲》在古代战争运筹中有一定的价值。

2.为将帅者须通天文、晓地理、明阴阳、懂奇门。

行走的沙龙活动

8月7日至8日，成都市易学研究会与崇州市白塔山公墓共同组织人员赴阆中进行风水考察活动，目的是实地考察和感受风水古城的山川形势和规划布局，学习外地易学机构先进经验，缅怀易学先师，加强学会与公墓的感情交流，深化合作。同行的还有成都市社科联学会部副主任李敏，并对此次考察活动提出了很多指导意见。这是一次别致的行走沙龙活动。

天公作美，考察活动遇上了一个难得的好天气，夜间的雷雨一扫前几日的桑拿天的闷热，早晨只有20多度，而且凉风吹拂，让人顿觉秋高气爽。首先驱车前往阆中古城的后山滕王阁风景区。滕王阁位于蟠龙山南麓，为唐滕王元婴镇守阆中时所建。滕王阁主体建筑，岿然屹立于叠级屋台之上，24根朱红巨柱，托举层楼，雄伟壮丽。登楼南眺，嘉陵江自西北蜿蜒而来，汇为一潭，又折而南去，冲积平原上的古城就像一颗明珠静卧在名山秀水之间，锦屏之秀，蟠龙之奇，伞盖之丽，远山近水，尽在一望中。

凭栏远眺，风水古城的山水形势一目了然：西北方的来水蜿蜒绕城而过，出东北角而去，而且水势平缓，带来源源不绝的生气，滋养着古城的人民。据杨公风水学名著《天玉经》中所述："乾山乾向水朝乾，乾峰出状元"，西北方涌来的嘉陵江水为阆中历代人才辈出创造了条件，唐代至清末，阆中共出状元4人，文武进士115人，举人402人；四周群山环绕，将古城围得水泄不通，生气聚而不散；南边的锦屏山高耸秀丽，似屏风，又像笔架，形成古城的案山，根据"天人合一"和"同气相求"的理论，笔架形的案山能够让当地学人文运亨通，科举及第；东南边的白塔山顶上巍然耸立着12层的白塔，这是明代修建的文峰塔，根据古代风水理论，在"巽方"（东南方）修建文峰塔，能助旺文运，多出人才，所以很多古城都在东南方建有高塔。

下了滕王阁，顺路参观了伊斯兰教圣地巴巴寺、保留有唐代释迦牟尼造像的大佛寺，然后登上了古城南面的锦屏山，古城全貌尽收眼底。当地人介绍说，以前为了修路，将锦屏山挖开了个大口子，后来为了避免这个口子对风水的破坏，又将口子顶上连了起来，大家都不禁赞叹阆中"风水古城"的名号果不虚传。穿过洞口，走到江边，我们又有了新的发现，在正对洞口的江边，建起了一座形似天坛的抽水站，将洞口与古城正好隔开，用风水的眼光来看，这无疑是又一道弥补措施，对风水和环境的保护意识，已经深深留在了阆中人的心中。

前山后山走遍，已是夜幕低垂，驱车回到保宁醋飘香的古城，在一家小店美美地吃了一顿，然后在幽静的桃园国际酒店下榻。安顿下来之后，在酒店大堂的茶座举行了考察心得座谈会。大家纷纷发言，赞叹阆中的山水之美，人物之盛，风水之奇。谢涛秘书长对活动的概况和第二天的安排进行了介绍，并简要分析了阆中的风水特点。刘宗炎会长感谢了崇州市白塔山公墓对这次考察活动的大力支持，并希望双方能展开深入合作，共同弘扬四川易学文化。白塔山公墓高管熊琪女士表示通过今天的考察，进一步体会到了风水文化的魅力，增加了对风水文化的了解，并表示白塔山公墓将继续创造和提供各方面条件，支持成都市易学研究会的研究和普及工作。李敏副主任代表成都市社科联表示社科联鼓励和支持各学会多多开展这类学术考察活动，并服务于社会，搞好与企业界的合作。

一夜安歇，用过早餐后再度出发，首站是阆中风水博物馆。这是目前国内唯一的以建筑风水为主题的旅游景点，分为博物馆、祭祀、讲堂、驿站、吉祥物等五个功能区。风水馆以易、卜为主脉，诠释神秘的中国风水。馆内陈列的物品多为与"风水"相关的出土文物和人文景观。大家最感兴趣的是"阆中治城图"沙盘，这个沙盘将阆中的山川形势浓缩展现出来，是展示和研究阆中风水格局的上好道具。风水馆的规划布局和内容安排让我们这些易学研究者感到既亲切，又耳目一新，也让我们对成都市易学研究会未来的发展产生了更多的联想和思考。

第二站来到阆中市南10公里处的天宫院。阆中天文文化深厚，所以吸引了唐代天文学家、易学家袁天罡、李淳风先后来此定居，在这里择地观天、著书立说，死后也葬于此地，留下了很多神奇的传说。天宫院的建筑、塑像、图文让我们对两位先师的景仰之情油然而生。

考察结束后，一行人驱车返回成都。这次考察活动让大家久久难以忘怀，回程中纷纷表示通过考察活动开阔了眼界，增长了见识，对风水文化的认识更加深入了。

为展现郫县优美的自然风光、丰富的水文化资源，展现郫县坚持生态立县、科学发展，协调推进生态人居、生态环境、生态经济、生态文化、生态文明建设，激励广大群众努力建设"更加生态、更具品质、更为富庶的美丽郫县"，9月10日，郫县社科联、郫县文联组织省、市、县社科专家、文学创作者16人［省市作家高旭凡（四川省作协）、刘胜富（巴金文学院）、杨青（四川省作协）、曾颖（凯迪网络）、石鸣（当代文坛）、杨虎（成都市文联）；县内社科专家（作家）陈治安、郑勇、李志能、孙宗烈、岳鹰、何国风、董锐、邓宏宇、肖诗杰等］，围绕"水润蜀都，生态郫县"这一主题进行文学交流活动。

首先，大家在郫县社科联秘书长肖诗杰和文联秘书长吴华章的带领下，到郫县境内的三道堰、友爱、唐元镇等地进行采风活动，使大家有了感官的认识。然后，大家齐聚一堂开展成都学术沙龙活动，共同探讨"水润蜀都"文学创作相关内容。

吴华章对大家的到来表示感谢，并介绍了沙龙活动的主题和郫县与水有关的历史。他说，今天一起摆摆龙门阵，请各位体验一下郫县的生态，特别是郫县的水。郫县的水源远流长，最初的成都平原是水患之城，整个岷江流域治水是从郫县开始的。当时，杜宇王朝建都郫县，启用鳖灵治理水患，开了沱江，整个岷江水患就慢慢消退了，奠定了天府之国成都平原千里沃野的基础。当时史书记载是"水旱从人，不知饥馑"，后来杜宇禅让给鳖灵后，留下了"杜宇化鹃"的传说。传说有多种版本，无从考证。不过，自从治理了水患后，郫县有一些河道因为多重原因改道填平，找不到古迹了，但是现在的郫县还有8条河，我们今天在三道堰看到的两条大河就是徐堰河和柏条河，最初看的那条是清水河。郫县是"八河并流的水上城市"，地下水资源也非常丰富。所以当时的"百事可乐"和"乐百氏"都落户郫县。现在回过头去看，望丛二帝为什么会建都郫县，这肯定是有原因的。现在，我们县委、政府提出了"水润蜀都，生态郫县"的定位，郫县历来就是水资源丰富，水质也很好，整个成都市90%的饮用水都是郫县提供的，就是今天我们在三道堰看到的很大的那个自来水处理厂——成都市自来水六厂，还有七厂在上游的唐昌，这两个厂要提供整个成都市98%的饮用水。"水润蜀都"这个定位把生态建设提高到这样的高度来认识，在郫县来说还是第一次。目前整个郫县不论是城市发展也好，产业发展也好，都是以水为魂，在水上做文章。当然，也还需要人文的支持。所以就请我们各位名家莅临郫县，共同来感受一下，一是借助你们的智力为我们支招，二是发挥你们的才思，为我们提供相关作品，在我们的《鹃城文艺》上刊发，弘扬我们的水文化。希望大家畅所欲言，为生态郫县建设出谋划策，用你们手中的妙笔，为我们的水文化锦上添花。

接着，对扬雄及其扬雄文化有独特研究的郫县专家、三道堰人孙宗烈、陈志安和《新郫县》内刊社副总编董锐相互补充，为大家介绍郫县的水文化，介绍了古代都江堰清明节都江堰放水的过程，成都地方官要先到望丛祠祭拜望丛二帝。介绍了都江堰鱼嘴把岷江一分为二再分为四，四条大河——江安河、走马河、蒲阳河、柏条河都流经郫县等，对郫县的水环境进行了详细的梳理，并对郫县源远流长、历史悠久的古蜀文化进行了阐释。吴华章说，这就是郫县流淌着的另外一条河——人文之河，从望丛二帝开国以来，一直到开明九世，灿烂的古蜀文化都是有历史记载的。并对郫县将深入贯彻党的十八大精神和省、市委重大战略部署，把生态文明建设放在突出地位，融入经济建设、政治建设、文化建设、社会建设各方面和全过程，努力建设美丽郫县，奋力推进郫县新一轮发展战略，向与会人员进行了简要的介绍。

接着，参会作家纷纷发言，围绕下一步的文学创作，发表各自对"水润蜀都"的理解和诠释。他们认为，"水润蜀都，生态郫县"这个定位很准确，充分体现了郫县的县情实际和特点优势。仁者乐山，智者乐水。水是城市灵性、活力、品质的象征。境内八条河流水清岸绿，是流动的风景，是提升城市品质的新地标。今天进行的采风活动让大家看了很赏心悦目，有了创作的灵感和冲动。并表示下一步会围绕郫县上风上水这个最大特点、生态良好这个最大优势，为建设"更加生态、更具品质、更为富庶的美丽郫县"创作更多的优秀文学作品，为郫县建设鼓与呼。活动中，与会人员还对"水润蜀都"以题字留念的形式进行诠释。

水润蜀都，生态郫县

11月15日上午，由新津县委宣传部主办、县社科联主持的"成都学术沙龙"在县城南岸农家乐举行了一次活动。本次活动主题为：杨柳河历史文化探索。县志办、县政协、县文体广新局的退休老同志与会。大家就杨柳河的历史文化沿革作了初步的讨论。

新津杨柳河历史文化探索

杨柳河是岷江正流金马河的分支，连接温江、双流、新津，在新津金华流入岷江。杨柳河新津段正处于牧马山天府新区，因此，如何利用这条河，做活这江水在目前有很重要的意义。

杨柳河不是自然形成的河道，很像是一条人工开凿的运河，专做温江、双流、新津三县间物资航运。打开双流地图，杨柳河自柑梓至彭镇至黄水几乎笔直一线，极似人工开凿。而黄水以下曲折有致蜿蜒南流，那几道河湾弯度大约相似，好像人力特意为之而非自然冲刷。这种河湾可以减速。杨柳河在新津境河湾稍多，估计原

有古河道，或者随地形开挖。新津普兴这一带有一个杨柳河的传说，也间接证明杨柳河是人工挖掘的河流。

杨柳河在水运时代相当重要，承担了温江、双流、新津生产与流通的重任。1909年出版的《新津县乡土志》对此有记载："河（杨柳河）面不宽而终年不竭，油、麻、叶烟，舟楫往来相望。"因此，有繁忙的水上运输那就可能带来杨柳河流域的变化。牧马山清代旱地农业的成熟，就与杨柳河的水运有关。《新津县乡土志》曾就此作了记载："（作物）每霜降前后落实。取材运往县城，溢衢巷。邻境商贩恒来取售，盖益部之奥区也。"这就是典型的交通带给地方繁荣。

杨柳河水运还带给流域几个水镇的繁荣。双流这边的彭镇，每日泊船几十上百只，商贾如蜂拥蚁至。新津这边花源白云渡，宋时是著名的新穿镇，此镇出过两个在历史上很有名的人物张唐英、张商英。彭镇也在清代出过一个百科全书式的学者刘沅。这是地灵促成人杰。新穿镇在唐时还是一个著名的陶瓷制造地，此处烧制的陶瓷是我国南方青瓷的代表，比邛崃十方堂窑址要早很多年。这个文化遗产应该得到某种重视并利用。黄泥渡今天已经有些萧条，但此镇在唐朝是有名的大镇，名叫丽江镇。在金华段，杨柳河入口处，有一个小镇岳店子，水运时代也是一个很繁华的场镇。据文献记载，旧时，岳店子十天要赶四场，相较别的乡场十日三场要多一场，这证明岳店子商品交易之繁忙。当时岳店子不仅承接来自温江、双流的水运物资，陆路上它的物资集散还辐射双流牧马山区的黄佛乡和永安乡，以及下游的彭山。因而岳店子在周边邻县颇有名气，连官家也在场镇设立盐仓吞吐来自五通桥的食盐。据老人讲，下游来的大盐船泊靠在岳店子，然后将麻织的盐包子分装至小吨位的木船再溯流至双流、温江。于此，我们不难想象岳店子水运时代是怎样一个繁华。那时的岳店子有一丁字形街，场中央矗立一株巨大的黄桷树，浓荫砸地，满街闲适意趣。树侧是万年台，逢节日即唱大戏。但这个场镇在水运结束后萧条。上世纪70年代初，岷江长航终结，与之不远的宝峰场因开发硝矿渐次崛起，岳店子迅速萧条。

杨柳河流域在水运时代，两岸皆呈现繁华局面，农业生产、场镇风貌都是一种小康底色。目前，新津杨柳河地段属于天府新区，这条河将来肯定要打造，怎么打造? 还是要从杨柳河的历史文化出发，让这条古老的河流有历史文化底蕴，又有新的风貌。

12月10日，在郫县民俗文化博物馆里，举办了一场别开生面的郫县民俗文化学术沙龙活动。郫县民俗博物馆长吴国先、郫县民俗文化研究本土专家孙宗烈、郫县文广局文化科长刘伟、文化产业科长杨世荣，以及郫县社科联、郫县总工会、《新郫县》内刊等郫县民俗文化研究人员，齐聚郫县民俗博物馆，共同探讨郫县民俗文化的发展及其现状。

刚一坐下，吴国先就穿着茶堂倌的服装，提着长嘴茶壶过来，现场复制了一场郫县民俗——茶文化艺术。只见他肩搭白毛巾，手提长嘴铜壶，一声吆喝，一注滚烫的热水就掺入盖碗茶中，干净利落，颇具观赏性，开场就赢得掌声一片。

接着，大家围坐一起，共话民俗文化。所谓民俗，就是指民众的习惯、民间风俗。它是人民传承文化中最贴切身心和生活的一种文化。民俗在传承的过程中也会出现各种不同的版本。它深植于集体，在时间上，人们一代代传承它，在空间上，它由一个地域向另一个地域扩布。总的来说，民俗就是这样一种来自于人民，传承于人民，规范于人民，又深藏在人民的行为、语言和心理中的基本力量。

刘伟、孙宗烈和吴建春等，用最通俗易懂的语言解释民俗。他们说，民俗，其实就是体现一个地方老百姓的衣食住行。而最能体现地方特色的就是语言，我们能

够做到的，就是忠实地记录下来，保存。大家对孙宗烈老师收集、整理郫县民俗文化给予了高度评价，并请孙老师就某一些不明就里之处进行解答。

孙宗烈老师结合他著述的《川西民俗文化拾粹》一书，对郫县方言的来历（吴语、雅语）、郫县的饮食文化和方言俚语进行了进一步的阐释。吃方面：如蚂蚁上树（干菜渣渣煮稀饭）、杨疙剑儿（蒸面疙瘩）等；行为方面：如跙（音jue），指身姿不正，躃（音li），用脚底在地上擦动等等。这些独具郫县特色的方言俚语，很多字不知到底怎么来写，实际上却是生活中随处都在用，实在是让人大开眼界。

然后，大家又围绕吴国先的郫县民俗博物馆的相关事宜进行了探讨。吴国先就郫县民俗博物馆的选址筹建、民俗物品的收集、摆放等方面进行了详尽的介绍。大家在一一参观了民俗博物馆展览后，又对里面物品的摆放、收集、后续发展等方面提出了很多合理化的建议和意见。一是要扩大社会影响力，争取相关单位及领导的支持；二是要贴合"民俗"二字做文章，要"土"得真实、"俗"得有味；三是加强与外界的交流与合作；四是馆内物品摆放要有序，不要摆得太杂，如木工锯子和刨子就摆得太多，一排排都是，本来屋子就小，这样显得杂乱无章；同时，物品的摆放要基本按照民间的摆放位置，比如鸡笼，一般就是摆在房屋的旮旯角落，洗脸架是放在厨房外街沿边上等等。

郫县民俗博物馆话民俗文化

交子文化与现代传承

12月10日，成都交子学会主办的"交子文化与现代传承"学术研讨会在中国农业发展银行四川省分行老干部活动室举行。会议由副会长余世宽主持。四川银监局、人行成都分行、四川师范大学、市社科院、锦江区社科联、西南建筑设计院、成都信息工程学院的专家、学者以及应邀的"爱·有戏"社团、水井坊街办、交子社区等相关单位的30余人出席会议，制定了学会当前的工作纲领。

一年来，交子学会认真贯彻党中央和省、市委的有关指示，采取走下去、请进门等多种形式展开了一系列的交子文化研究和科普活动。余世宽会长首先报告了成都交子文化学会一年来的工作，并介绍了葛红林市长在会见中国金融教育发展基金会年会的贵宾时，对建设交子博物馆形成了合作共识的结果。余世宽、贾自亮等建议将成都打造为"交子文化圣地"，为提升成都作为西部金融中心地位提供历史文化与品牌支撑，积极建议国家发行"交子纪念币"。

与会者围绕主题，本着务实、传承和发扬的精神，各抒己见。四川银监局文维虎老师从促进经济发展角度出发，分析了宋代交子产生的时代背景，提出四川本土金融机构应该承担弘扬交子文化的社会责任，将现代金融产品与弘扬交子文化相融合，拓宽宣传和传承的渠道。川师大吴其付老师从历史与现代角度出发，认为应将交子的发明视为与火药、指南针、造纸术和印刷术相继，是对人类的"第五大发明"、"五大贡献"，并解读了交子对促进经济、文化、科技发展的重要作用，提出了将交子文化资源转换成交子文化资本，通过交子品牌化、实体化、商标化、娱乐化、节庆化路径，形成文化产业链，提升交子在四川乃至世界的影响力和财富的创造力。川师大魏华仙教授从我国教育制度改革出发，指出了交子文化传承工作的不足，提出了突破狭隘的历史专业教育，实行通识教育与交子乡土特色教育紧密结合的主张，从而实现交子历史价值的普及与传承。西南建筑设计院高工阳世富从建筑学与文化学相融角度，提出了交子标志性建筑和保护古建筑与复原交子文化遗址有机结合的见解。贾志亮研究员提出传承交子文化应向大众化和地标化迈进，通过成都交子文化的各种地标和软实力，打造"成都金融圣地"、"交子文化圣城"。锦江区社科联唐静副主席代表锦江区社科联对交子文化学会多年来为传承弘扬交子文化的努力表示衷心感谢，提出应将交子文化的复兴作为今后塑造城市特色文化的新方向和突破点。水井坊街办社会组织指导中心王军先生提出，当今世界所有纸币都传承着交子文化的基因，作为社区，应该与传承文化携手并进，提供服务支持。其他与会成员也纷纷发言，充分肯定交子文化的重要价值和传承意义，同时建议与会者看清交子文化传承的现实困难，应争取有关方面的力量共同解决"缺钱、缺人、缺物"的三缺问题。

会议一致推举文维虎、魏华仙作为成都市社会科学联合会理事。"交子文化与现代传承"研讨会议的召开，体现了学会在弘扬传承交子文化、服务社会经济发展等方面又迈出了踏实的一步，也是落实葛红林市长与全国人大财经委吴晓灵副主任等关于设立"交子博物馆"合作共识的实践行动。

12月12日，成都薛涛研究会2013年学术沙龙活动在望江楼公园管理处小会议室召开。此次活动由会长贺大经主持，主题为"如何宣传巴蜀第一才女薛涛"，学会理事等18人参加。

如何宣传巴蜀第一才女薛涛

针对如何宣传巴蜀第一才女薛涛，与会理事提出下列建议：

第一，学会可以在望江楼公园网站下设一个二级网站，开设薛涛研究论文集成栏目，汇集并不断更新薛涛研究学术成果。此举意在吸引准备写论文的高校师生加入薛涛研究会，多角度研究薛涛；也能提高望江楼公园网站的点击率，扩大薛涛与望江楼公园的影响面。此外，可以将学会的邮箱、学会秘书处的电话公布在网上，会员有什么意见和建议可以在线留言，也可以线下联系秘书处。下一年的工作计划可以通过网站向广大会员征求意见；项目申报（市文联项目申报、市社科联项目申报）和社会文化活动（学会活动、公园活动、参与其他学会和单位的活动）也可以邀请会员提供建议或参与其中。

第二，学会可以与成都大学学报等高校学报或者其他期刊合作，将"薛涛研究"作为该报刊的名栏目。学会长期在广大会员中组稿，以优惠的价格在该期刊"薛涛研究"发表。

第三，学会可以在望江楼公园网站下设一个二级网站，建立网上虚拟的薛涛纪念馆，通过网络对薛涛纪念馆进行世界性宣传。

第四，学会要注重对外交流与合作，与成都市林业和园林管理局、成都市文联、成都市社科联等上级单位和杜甫学会、诸葛亮研究会等兄弟学会都要搞好关系，宣传薛涛和望江楼。这种横向联系很可能是将来学会很大的发展平台。

第五，策划并开展包含公园特色文化的社会文化活动项目。杜甫草堂有人日活动——诗圣文化节，武侯祠也有摸喜神活动，我们薛涛研究会也可以联合望江楼公园每年都搞一个固定的主题性的薛涛纪念活动，例如"三月三"活动。

第六，开展包含公园特色文化的社会文化活动。薛涛能歌善舞，可以把薛涛诗中提到的舞蹈编排出来，作为常备经典节目参加公园、学会和其他单位的文化展演活动。这个可以与职业学院的学生联合，几千块钱就可以搞好。还可以搞"薛涛茶艺表演"，展现唐代四川的茶文化。这些活动开展好了，既有利于发展壮大会员队伍，又有利于提高学会学术研究和社会文化活动能力，扩大学会的影响力。

第七，可以拍摄以薛涛为主题的微电影，将薛涛足迹（成都、三台、乐山）、薛涛生平、薛涛与望江楼、薛涛与竹的故事囊括其中，或者单独表现某一个方面。微电影事业方兴未艾，投入小（几万元可以拍摄一部微电影）。微电影项目可以在成都市文联申请立项。

与会理事认为，以上建议都有利于于宣传巴蜀第一才女薛涛，但是学会目前面临经费困难和人员不足的困难。学会可以根据自身经费和人员储备情况，选择部分可以立即执行的内容作为2014年的重点工作，认真去执行。

12月18日下午，成都市诸葛亮研究会部分理事在成都武侯祠博物馆碧草园召开了方案策划讨论会，旨在办好拟定于2014年3月举行的诸葛亮与南中地区遗迹学术研讨会，同时也为了响应成都市社科联合会召开科普活动的号召。理事符丽平首先介绍了策划方案的初稿。会议由成都武侯祠博物馆和凉山州博物馆联合举办，是武侯祠博物馆与凉山州博物馆2011年至2013年合作的诸葛亮南征路线遗迹考察的成果总结。初步将会议分为预热期和举办期两个阶段。其中预热期活动主要有：网上发布征稿启事，面向海内外学者征稿；出版《诸葛亮与三国文化论文集（六）》；举办《诸葛亮南征考察成果汇报展》；出版《图说诸葛亮南征》与《诸葛恪与三国南征》两本专著；及与四川在线合作，邀请三国文化专家与网友互动。举办期主要有：领导讲话并宣布会议开幕；专家大会主题发言；分组讨论等。

成都市诸葛亮研究会理事、全国著名三国文化专家沈伯俊和谭良啸在了解了策划方案情况后，提出了很多有益的建议：

1.关于会议的规模。由于本次南征考察历时长、规模大、成果丰富，两位老师建议不要局限于西南地区，也应邀请全国范围的相关学者，特别是几位全国著名的魏晋南北朝史研究专家梁满仓、刘驰、李凭等。并向他们约稿，从而提高本次

会议的学术论文质量，将本次会议举办成有全国影响力的学术会议。

2.关于会议的宣传。两位老师认为，应多与几家有影响力的媒体合作，如中国文物报、中国文化报、人民网、中国日报海外版、光明日报等。将南征考察的行程、耗时等作出图表，并将考察的收获总结成文字，放在官网上，让人们对本次考察的付出与收获有一个直观的认识。

3.关于参会人数。为响应国家厉行节约的号召，应在增加邀请单位的基础上，严格控制每单位参与会议的人数，在2~3人为宜。会期定为2天，不安排参观学习。

4.关于开会日期。之前暂定为2014年3月的会议，由于会议规模的扩大，需要更多的准备时间。再加上3月属于初春时节，成都的气候变化大，参会专家许多都年事已高，容易感冒。建议将会期推迟至2014年5月。

会议策划案将总结整理了专家建议后，形成修改稿，再发给专家改进，最终形成定稿上报领导审批。

诸葛亮与南中地区遗迹学术研讨会

●理论探讨●

社会主义核心价值观乡土教育探索

村建设具有重要的现实意义。

社区代表梁思荣谈到当前社会存在的问题，诚信缺乏、道德失范现象十分严重的问题，通过典型示范教育来全面提高公民道德素质和社会文明程度很有必要。

孙艳副研究员认为，培育和践行社会主义核心价值观，能有效地统一思想，凝聚力量，调动人们的积极性，提高全民道德水平，实现伟大"中国梦"。

中共金堂县委宣传部理论科江文就社会主义核心价值观"乡土化教育"谈了看法。他认为，要通过广泛深入调研，熟悉金堂县农村的人文环境，找准载体，用老百姓喜闻乐见的形式开展活动，比如进行典型示范引领，对道德领域突出问题进行专项教育和治理，创建精神文明示范乡镇，等等。

乡镇代表孙国利认为，虽说农村搞了产权制度改革和土地整理之后，有较多的土地流转，但农户实际上基本还是一家一户在自主生产经营，农民之间交流缺乏，更别说大家形成统一的价值观，在农村非常有必要培育和构建社会主义核心价值观，对建设新农村具有重要作用。

中共金堂县委宣传部陈学仕认为，社会主义核心价值观是社会主义核心价值体系的高度概括，在全县农村开展培育和践行社会主义核心价值观活动还需要细化和具体化，价值观的培育必须注重日常生活的养成，从点滴做起，并且需要持之以恒。

党的十八大报告从建设社会主义文化强国的战略层面，对建设社会主义核心价值体系提出了新要求新部署。为了在金堂县广大农村培育和践行"三个倡导"的社会主义核心价值观，3月17日下午，金堂县社科联在县委宣传部举办"社会主义核心价值观乡土教育探索"学术沙龙活动。成都市文化局李莲成、市社科联副研究员孙艳、金堂县委宣传部和本县镇、村（社区）相关人员参加了座谈。沙龙活动由金堂县委宣传部史国忠主持。

史国忠首先结合金堂县的实际，分析了全县农村开展社会主义核心价值观乡土教育的必要性和现实性，促进和保持社会和谐稳定，对于金堂县新型城镇化和新农

成都市文化局副巡视员李莲成对本次沙龙活动作了总结发言。他说，党的十八大深刻阐释了社会主义核心价值体系的重要地位，我们要深刻理解培育和践行社会主义核心价值观的重要性和紧迫性，使之成为人们日常生活的价值观念和行为操守，需要通过深入细致的调查研究，着力探索社会主义核心价值观在乡镇社区基层如何培育和践行，形成培育和践行社会主义核心价值观的载体、路径和方法，构建新形势下社会主义核心价值观乡土教育宣传新模式。

由成都市社会科学联合会、成都市委党校、成都日报主办，成都市经济学会、成都市委党校国际合作交流部承办，以"城市建设与可持续发展"为主题的学术沙龙于4月24日上午在成都市委党校图书馆举行。本次学术沙龙特别邀请了瑞典乌普萨拉大学国际政治研究所教授、博士Mattias Burell。Burell先生是研究中国政策的专家，也是一位中国通，汉语流利、学识渊博，在政府公共政策制定和城市建设等专业领域有较高建树。沙龙还邀请了市委党校第2期"新型城镇化"专题班的30多位学员共同参与研讨，他们来自市纪委、区县规划局、经济审计局、农林科学院、市粮食局、市公安局等部门以及双流、大邑、郫县、龙泉驿各区（市）县的乡镇。此次沙龙活动由成都市委党校经济学教研部青年教师童晶主持。

城市建设与可持续发展

童晶老师首先播放了两段《老成都1940》和《锦绣成都》的视频，并就中国和成都当前城市发展现状做了简要介绍，与会的领导和学者围绕"新型城镇化"的焦点问题、中外城市可持续发展比较、成都新型城镇化的问题与对策等进行了热烈的研讨和交流。

Burell 先生在观看了"老成都"与"新成都"的影像资料后惊讶不已、啧啧称奇，他认为成都的发展变化速度太快了，大大超越了欧洲城市的发展速度，他所看到的现在成都城市景象和10年前的景象相比又有了质的飞跃，不仅是城市形态建设更好了，而且城市的产业发展、生态保护、文化氛围、人口素质都有了较大提升，他认为成都是一个具有深厚投资潜力和广阔发展领域的城市，欧洲城市特别是瑞典应该展开与成都的全方位合作，包括绿色低碳技术的引进和研究、产业的融合、资本的合作以及科学研究等各个层面。

与会者一致认为，可持续发展是科学发展观理论体系的一个重要组成部分，也是在世界范围内取得广泛共识的现代发展理念。人类在加快工业化的同时，也引发了一系列所谓的"现代化困惑和危机"，如经济发展目的性迷失、文化价值规范缺失、资源"透支"、能源短缺、生态恶化、环境污染、气候变暖、人口膨胀、粮食安全、公共卫生、贫富差距等全球性问题。可持续发展理念不仅仅是针对其中某个领域的问题，而是从发展伦理的高度提出了一个根本性的核心命题，即当代人的发展不应损害下一代人的发展能力，也就是说我们不能只顾当前利益的最大化而贻害后世，要为子孙后代留下可耕之田、可兴之业、可居之所，留下一片绿水青山。同时，城市在现代社会中占据中心和主导地位，既是各类可持续发展问题的高发地、矛盾交织的难点和焦点，又是全社会可持续发展能力建设的行动重点和战略支点。促进城市可持续发展，对于一个地区、一个国家乃至世界的发展意义重大、影响深远。

Burell 先生提出，实现城市可持续发展的基本着眼点，就是在兼顾当前发展和长远发展的基础上，妥善平衡和处理好城市发展过程中"人与人"、"人与社会"、"人与自然"的关系。从现阶段中欧城市发展的基本状况和面临的共性问题看，城市可持续发展应注意把握和体现以下重大战略取向：

一是建设生态城市。工业化为城市发展创造经济基础和技术手段的同时，也在相当程度上带来了城市生活疏离自然界、灰色覆盖绿色、人居环境恶化等问题。生态城市中的"生态"，已不再是过去所指的纯自然生态，而是一个蕴涵社会、经济、文化、自然等复合内容的综合概念。学员普遍认为，21世纪是生态世纪，即人类社会将从工业化社会逐步迈向生态化社会。城市生态环境正日益成为城市竞争力的重要组成部分，哪个城市生态环境好，就能更好地吸引人才、资金和物资，处于竞争的有利地位。因此，在推进现代城市可持续发展的过程中，要把建设生态城市作为工作切入点，使之成为解决城市发展与生态环境矛盾的重要抓手，成为全民参与并惠及全民的重要行动。

二是建设经济高端化城市。经济高端化城市是指在区域经济、国民经济乃至世界经济分工和竞争中，占据产业结构和价值链高端的城市。成都要增强自身可持续发展能力并在带动周边区域可持续发展上发挥更大作用，必须加快经济结构优化升级和经济发展方式转变，调整改造和转移替代传统制造业，大力发展高新技术产业和先进制造业，加快培育现代新兴服务业，完善城市服务业体系，重点强化外向化服务功能。同时要率先形成服务业占主体、外向化服务产业和功能比较完备的高端化、服务化城市经济结构。

三是建设数字化城市。城市的高度信息化和数字化，将会极大地改变、优化人们的思维方式、学习方式、工作方式、交往方式以及整个城市的生产生活方式和管理方式，对于城市加强对内对外的信息处理、过程控制、系统集成以及提高效率、降低消耗，具有重大意义和作用。成都积极建设数字城市、智慧城市，是推进城市现代化、国际化、实现城市可持续发展的必然选择。

四是建设创新型城市。建设创新型城市，是建设创新型国家的重要战略支撑点。世界公认的步入创新型国家行列的四条基本标准为：研发投入占国民生产总值比重在2.5%以上；科技进步贡献率在60%以上；对外技术依存度在30%以下；创新产出高，发明专利多。比对上述标准，成都还存在着相当大的差距。建设创新型城市，既要紧紧把握科技创新这个核心环节，又要积极推动思想观念创新、发展模式创新、机制体制创新以及对外开放创新、企业管理创新和城市管理创新等方面的系统创新。

五是建设文化特色城市。文化是城市之魂，特色是城市之根。成都应向欧洲城市学习，在几百年规模宏大的城市化发展进程中，把城市最珍贵、最独特的文化优势保存了下来，这是欧洲人深感骄傲的地方。一个城市的繁荣与发展，也是其城市文化特色弘扬和再创造的过程。城市文化特色既外在表现为城市的品牌形象，又内在构成了城市可持续发展的价值取向。因此，必须站在五千年中华文明积淀的物质和精神文化的高度，理解、尊重和传承文化遗产，积极挖掘与认知城市文化传统，

重塑城市文化特色。只有这样，才能提升城市的综合竞争力，实现城市在精神文明方面的可持续发展。

六是建设低碳城市。低碳城市是指全面采取低能耗、低排放、低污染的低碳经济模式和低碳生活方式的城市。低碳经济的核心是能源技术和减排技术创新、产业结构和制度创新以及人类生存发展观念的根本性转变，并通过技术创新、产业调整、制度完善、观念引导等措施，集中解决好"降低碳排放"这个控制全球气候变化、保持人类社会可持续发展基础条件的关键问题。欧洲（包括瑞典）的低碳城市建设已卓有成效，技术在世界处于领先地位。成都应和瑞典展开低碳技术的引进和共同研究开发等合作，为成都新区建设和老区改造提供新的模式。

本次开展的学术沙龙是党校教学手段的一次创新，首次将外国专家有针对性地引入专题班教学课堂，而且以头脑风暴、案例研讨等生动活泼的形式丰富了主体班的教学内容，使领导干部在党校学习期间也能扩大国际视野、探讨主流问题。同时也通过党校这个平台，向世界各个国家广泛宣传中国、展示成都。

新闻发言人基本媒介素养问题研讨

　　5月9日下午，由成都市社科联、中共成都市委党校和成都日报联合主办，市党校系统邓小平理论研究会承办的主题为"新闻发言人基本媒介素养问题研讨"的2013年成都社科年度论坛党校分论坛的精品学术沙龙活动在成都市委党校举行。沙龙邀请中共成都市委组织部、市公安局、市人社局、市信访局、市效能办、市国土局、市交委会、市人民法院、市质监局及金牛区、成华区等部分区（市）县相关单位的领导参加。本次沙龙就新闻发言人的基本媒体素养进行了讨论，内容围绕如何认识当今社会政府和媒体的关系、如何树立新闻发言人在媒体面前的积极形象、面对负面新闻时候应该怎样进行媒体沟通、建立与媒体恰当的关系等问题展开。本次沙龙由中共成都市委党校文化建设教研部副教授郑妍主持。

　　与会者一致认为，当前政府和媒体之间的关系越来越紧密，特别是在突发性事件中，媒体沟通更是非常重要的环节。因此，政府各个部门都应该设立专职的新闻发言人，这样就能够更加有效地和媒体进行沟通。但是，随着

我国新闻发言人制度的逐步建立和发展，新闻发言人的素养问题日益凸显。由于我国政府新闻发言人大都还是兼职，个人学历、工作背景参差不齐，选拔任用机制尚不完善，新闻发言人的培养模式单一，使得我国政府新闻发言人个人素养存在诸多问题，比如缺乏媒体知识、欠缺传播技巧、公关能力不足、官僚意识太强，导致政

府与媒体的沟通不顺畅等诸多问题。而新闻发言人的个人媒介素养直接影响着政府公关、政府形象，直接关系到政府信息公开的程度和质量。

第一，新闻的时效性决定了新闻发布具有若干时态法则，即事实只有在一定时态下发布才能获得最佳的影响力。一是新闻发布要指出事件发生的具体时间，向与会记者报告特定的时间，最好精确到"某时某分"。二是新闻发布的事实时序不能颠倒，否则就会歪曲事实的因果关系，改变事实的性质。新闻发言人发布事实可以运用倒叙或插叙，但不能违反事实因果关系的顺时态。三是提高新闻发布的迅速性，在事件刚一发生，外界还不知道这一事件时就立即给予发布，这被称为新闻发布的第一时间，这也是新闻发言人快速反应能力的最佳体现。因此新闻发言人应该在第一时间发布信息，先声夺人，先发制人，以利于引导舆论。

第二，新闻发言人向媒体发布最新消息，要求对新闻素材进行严格筛选，而不是将所有的材料照搬上来。这就需要发言人对事实做出判断，确定其是否作为发布的内容和具有发布价值，多从媒体和公众的角度考虑他们的信息需求。但是，对于新闻发言人而言，他的立场并不是个人的立场，而是其所代表的部门的立场，因而一些不能确定的信息是不能随意发布的，而对于一些可能引发社会不良后果的信息，应当在权衡利弊之后，再决定是否发布。因此，新闻发言人新闻价值选择的一个重要原则是，发布的信息不能给社会造成危害，尽管它可能符合许多媒体的价值标准。

第三，新闻发布会是信息传播的一个渠道，但不是唯一的渠道。为防止其他不良信息渠道产生危害，新闻发言人所发布的信息应当是终端信息。也就是说，发布的应是经过最终确认、具有权威和准确性的信息。

第四，新闻发言人不仅对新闻运作要熟悉，对记者的职业责任和职业特性也应全面了解和重视。新闻发言人对于记者而言是传播者的角色，因此也应与记者一样，慎用自己的传播权。作为新闻媒体的消息来源，新闻发言人要认识到自己负有传播真相的责任，不仅要发布真实的内容，而且要提高自身对信息真伪的判断和筛选能力，防止不真实的信息在社会蔓延。新闻发言人可以在新闻信息发布的同时，及时提醒与会记者，报道应该持负责的态度，而不是为了轰动效应或其他意图任意修改和歪曲新闻发言人的讲话。记者代表媒体进行新闻报道，关注的内容与媒体长期的报道倾向以及媒体本身的定位有着直接关系。新闻发言人应对媒体进行全面分析，了解媒体的报道热点，作为自己的发布内容的参考。

第五，要同媒体保持良好的互动合作关系。应坚持真诚沟通、双向平等、提供新闻的准则，克服支使媒体的倾向，谦恭、有效地引导媒体和记者。新闻发言人在对新闻媒体进行引导的过程中，应该是顺应新闻规律，运用传播技巧，调动媒体的兴奋点，使媒体自觉自愿地围绕所发布的议题进行报道和追踪。

5月10日上午，由成都市社科联、成都日报、中共成都市委党校主办，成都市党校系统邓小平理论研究会承办的主题为"成都先进制造业与生态城市建设研究"的学术沙龙活动在成都市委党校A203教室举行。参与沙龙活动的有中共成都市委宣传部、市林业和园林管理局、市水务局、市质量技术监督局、市统计局、市中级人民法院等市级相关部门负责人，武侯区、彭州市、郫县、蒲江县、大邑县、新津县、邛崃市相关领导和专家，以及市委党校有关专家，共35人，与会者就成都生态城市建设中的一系列问题进行了热烈的研究和讨论。本次沙龙由中共成都市委党校现代科技教研部主任张洪彬教授和中共成都市委宣传部办公室副主任蒋劲共同主持，有6位领导和专家做了主题发言，他们分别就当前成都的生态文明建设进行了深入探讨，并提出了富有建设性的对策建议。

与会嘉宾的讨论主要围绕以下问题展开：一是先进制造业在生态城市建设中的作用和地位；二是林业在生态文明建设和生态成都建设中的地位；三是如何从整体上推进环保工作，实现环保和经济发展的共赢；四是水资源保护与水环境治理在生态文明和生态城市建设中的地位和作用，如何创新水务管理机制，更好地促进水生态环境的优化；五是如何强化生态环保的公众教育，营造全民参与的生态环保氛围。生态文明是人类文明的高级形态，生态城市是人类文明演进到生态文明时代的产物，建设生态城市是时代赋予我们的光荣使命。

本次学术沙龙的专家观点综述如下。

一、先进制造业与生态城市建设

专家指出，先进制造业是相对于传统制造业而言的，是指制造业不断吸收电子信息、计算机、机械、材料以及现代管理技术等方面的高新技术成果，并将这些先进制造技术综合应用于制造业产品的研发设计、生产制造、技术检测、营销服务和企业管理的全过程，实现优质、高效、低耗、清洁、灵活地制造产品，即实现信息化、自动化、智能化、人性化、生态化生产，取得很好经济和社会效益，也具有市场效果，这就是先进的制造业。先进制造业具有两大特点，一是广泛应用先进制造技术，信息技术与其它先进制造技术相融合，驾驭生产过程中的物质流、能量流和信息流，实现制造过程的系统化、集成化和信息化。二是采用先进制造模式，制造模式是制造业为提高产品质量、市场竞争力、生产规模和速度，以完成特定生产任务而采取的一种有效的生产方式和生产组织形式，进而实现数字化设计、自动化制造、信息化管理、网络化经营。从技术层面看，先进制造技术的基础是优质、高效、低耗、无污染或少污染工艺，并在此基础上实现优化及与新技术的结合，形成新的工艺与技术。因此，先进制造业与生态城市建设有内禀的联系。

专家认为，产业兴则城市兴，产业强则城市强。发展先进制造业是壮大成都生态城市建设产业支撑的关键环节和重要抓手，也是产业转型升级的重要内容。伴随现代化与城市化的发展，城市规模不断扩大、工业水平持续提升，世界各国政府在这一进程中都不同程度地兴建工业企业来拉动经济增长，或扩建垃圾处理场等公共设施来满足日益增加的人口需求。这些设施对促进经济发展和维持生活水准是重要的，但也存在很大的污染威胁性，其选址与兴建常常招来毗邻民众反对，这被称为"邻避效应"。由于民众担心生态环境遭到破坏而引发的群体性事件，在发达国家也时有发生。此类社会抗议被称作"邻避冲突"，即虽然承认有生态风险的公共设施可能是必要的，但是民众不希望垃圾处理场、变电站、核电站等设施建在自家后院（Not In My Back Yard，不要在我的后院搞项目）。近年来，国内多起民众反对PX项目的运动正是"邻避运动"的体现。因此，在成都先进制造业和生态城市的建设中应注重"邻避效应"，要加强这方面的研究，要加强科学知识普及和制度建设，避免"邻避效应"带来的负面影响。

二、打牢本底基础，建设美丽成都

专家认为，夯实成都的生态本底是建设生态城市的基本要求，当前我市的五大兴市战略都与生态城市建设密切相关。比如生态城市建设必然涉及到优化公共交通

发展先进制造业，推进生态成都建设

系统，通过公交优先实现绿色出行；"产业倍增"战略的关键在于三次产业的联动发展，其中先进制造业的发展居于主导地位；"立城优城"的核心就在于优化城市空间布局，重塑城市化、现代化与生态环境之关系；"三圈联动"以三圈层的生态优势转化为发展优势为重要抓手。上述种种均与生态城市建设中的产业支撑紧密相关，更与打牢成都生态本底密不可分。

专家指出，生态文明的核心是人对自然的文明。保护自然生态系统就是保护生态文明的本源基础。森林是地球之肺，湿地是地球之肾，生物多样性是地球的免疫系统。林业承担着保护和建设森林生态系统、保护和恢复湿地生态系统、治理和改善荒漠生态系统、维护和发展生物多样性的重要职责，肩负着保护自然生态系统的重大任务，林业是生态产品生产的主要阵地。因此，要处理好人与自然的关系，必须处理好人与森林的关系。林业部门要承担起促进绿色发展的重大职责。党的十八大报告提出，要着力推进绿色发展、循环发展、低碳发展。绿色发展的特征是低消耗、低排放、可循环，重点是形成有利于生态安全、绿色增长的产业结构。林业既是改善生态的公益事业，又是改善民生的基础产业；既是生态产业、绿色产业，又是碳汇产业、循环产业。胡锦涛同志在首届亚太经合组织林业部长级会议上明确指出，森林在推动绿色增长中具有重要功能，对人类生存发展具有不可替代的作用。林业部门的工作应坚持生态优先的原则，在保护的基础上进行有序开发利用，这对发展特色农业、林业、观光旅游和医药产业具有重要价值。

专家提出，水是生命之源、生产之要、生态之基。党的十八大把水利放在生态文明建设的突出位置，明确提出通过加强水源地保护和用水总量管理，推进水循环利用，全面促进资源节约；通过推进水土流失综合治理，加快水利建设，增强城乡防洪抗旱排涝能力，加大自然生态系统和环境保护力度；通过完善最严格的水资源管理制度，深化水资源配置，加强生态文明建设。随着城市的扩张与发展，成都已经成为缺水型城市，水资源保护和利用情况堪忧，应进一步采取有力措施，加强水环境治理工作，建立水务一体化管理机制，更好地实现水资源的保护与集约利用。

三、深入推进成都的生态文明建设

专家提出，生态文明建设要从整体上推进，要将生态文明战略融入经济建设、政治建设、文化建设、社会建设的各方面和全过程，进行制度和能力建设，将生态文明建设和美丽中国建设从理念变为可操作、可落实的制度。

专家认为，在生态成都建设中要注意处理好两个关系。一是要正确处理经济发展与环境保护的关系。经济发展、产业发展与生态文明建设是对立统一关系，既要认识到两者之间的斗争性，也要认识到两者之间的同一性。不能只看经济建设、产业发展的对立，而看不到两者之间的同一性。要在生态文明的指导下发展经济、发展产业。要坚持经济发展与环境保护相统一，互促双赢，促进成都经济社会发展。二是要正确处理循环经济与传统经济的关系。传统经济模式是指在处理人类与环境的关系时，采用一种"资源——产品——污染排放"的单向线性开放式过程，这种经济发展模式是今天人类面临的生态危机的原因所在。循环经济在本质上就是一种生态经济，要求运用生态学规律来指导人类社会的经济活动。循环经济是在可持续发展的思想指导下，按照清洁生产的方式，对能源及其废弃物实行综合利用的生产活动过程。要求把经济活动组成一个"资源——产品——再生资源"的反馈式流程。其特征是低开采、高利用、低排放。大力发展循环经济是成都市转变经济发展方式、提高经济效益、破解经济发展和资源环境保护矛盾的根本出路。

专家提出，在生态成都建设的进程中要注意把握好四个方面。一是培育生态文化是源动力。生态城市建设是一个艰巨而复杂的长期过程，生态环保工作的推进困难往往不在于经济与技术的可行性，而在于社会观念、心理等因素的影响。因此，应加强对生态环境建设工作重要意义的宣传，提高党员干部和群众对生态环境保护意识，要加大宣传力度，普及环保知识，形成良好的社会舆论氛围。二是发展生态经济是核心。要大力发展生态工业、生态农业、生态服务业，推动循环经济的自主发展，努力走出一条科技含量高、经济效益好、资源消耗低、环境污染少、人力资源优势得到充分发挥的新路子。三是生态环境保护是前提。生态建设重在保护，要坚持在保护中开发，在开发中建设，以确保生态资源的永续利用。四是政府引导是保障。政府要组织制定有关生态成都建设的地方性法规、政府规章以及配套政策，做好生态成都建设的引导、规范和保障工作。要将生态理念贯穿到城市发展规划之中，研究制定生态成都建设规划，并通过人大批准，确保生态城市建设的连贯和延续性。同时，还要把生态成都建设作为最大的民生工程来抓紧落实。

建设国际旅游目的地问题研讨

5月22日上午，由成都市社科联、中共成都市委党校和成都日报联合主办，市党校系统邓小平理论研究会承办的主题为"建设国际旅游目的地问题研讨"的2013年成都社会科学年度论坛党校分论坛的精品学术沙龙活动在都江堰青城山举行。沙龙邀请了成都市人大、市环保局、市统计局、市民政局、都江堰市、武侯区、锦江区、成华区、邛崃市、青白江区、龙泉驿区、崇州市、大邑县等相关单位领导，还邀请了都江堰青城山旅游景区负责人，成都市委党校部分专家学者也应邀参加了本次沙龙活动。沙龙围绕"成都市建设国际旅游目的地城市研究"进行了热烈讨论，研讨内容涉及成都市旅游产业发展现状、旅游产业发展存在的问题、怎样利用财富论坛等契机来进一步发展成都市旅游业等问题。沙龙由中共成都市委党校文化建设教研部郑妍副教授主持。

与会者一致认为，成都拥有厚重的人文历史和丰富的旅游资源，但由于身处内地，成都的旅游潜力并没有被挖掘出来，甚至在很多人的印象中，成都只是云南西藏等地的旅游中转站。这对于成都来讲，是一件非常遗憾的事情。在今天各地都在大力发掘旅游产业的附加值时，成都应该对自己的城市定位和形象等进行重新审视和定位，对成都旅游业进行梳理和研究，寻找更能发掘成都文化价值，突出成都旅游特色的方法和路径，让成都不仅仅只是个中转站，而能成为国内外旅游者的目的地。

目前，尽管成都市的旅游产业已经取得了一定的成绩，但仍然存在一些问题。

一是旅游形象特质不突出。世界级旅游产品开发深度不够，产品较为单一，对境内外游客吸引力弱。文化资源力度不够，宣传营销点、线、面结合不到位。二是旅游产业业态不健全。旅游产业的加快发展，既是打造国际旅游目的地的根本目的，也是打造国际旅游目的地的重要条件。三是景区游览项目开发不够。游客逗留时间短，消费低，酒店、休闲娱乐、购物等相关产业发展滞后。四是旅游商品开发滞后。目前市场上的旅游商品和纪念品地方特色不浓郁、附加值不高，品种单一，没有拳头产品。五是旅游产业发展缺乏动力支撑。目前数量扩张型和粗放增长型仍占据主导地位。六是旅游服务质量不高。旅游高级管理人才匮乏，优秀人才流失严重，从业人员多数半路出家，导致旅游管理理念和服务水平与国际标准差距大。七是全民兴旅意识不够。部分干部群众对发展旅游理解不深入，观念陈旧，"等、靠、要"思想在一定程度上仍然存在，全民兴旅意识亟待提高。

针对成都市的旅游产业发展现状，与会者也提出了自己的看法和意见：一是打造世界一流的旅游品牌。世界级的旅游品牌和产品是建设国际旅游目的地的基础。

没有好的品牌和产品，建设国际旅游目的地就会成为空中楼阁。二是塑造个性鲜明的旅游形象。国际旅游目的地形象是个体或组织对特定旅游目的地的所有客观认识、印象、偏好、想象和情感的表达，它是由认知的、感知的和情感的成分所组成。形象是国际旅游目的地的生命。一个良好的个性鲜明的形象可以形成较长时间的垄断地位。要注意挖掘和创造旅游特色，同时也要注意保持旅游形象的相对稳定性和延续性。三是创造游客满意的旅游环境。国际旅游目的地作为吸引和接纳游客前来进行旅游活动的地方，除了具有独特性外，还必须具备安全性和便利性，要有优良的环境。四是全方位开拓旅游市场。加强宣传营销，全方位开拓旅游市场是打造国际旅游目的地的必要途径。要明确目标市场、创新营销方式。建立经费筹措、目标考核、奖励机制，加大投入，制作一批诉求精准、质量上乘、方便实用的宣传推介品，全方位拓展旅游市场。五是形成建设国际旅游目的地强大合力。建设国际旅游目的地需要政府、企业、社会等各方面的大力配合，形成政府主导、市场运作、企业经营、社会参与的良好工作格局。尤其政府要大力支持，部门要积极配合，形成强大工作合力。

"首位城市与多点多极"发展战略的思考与启示

经济学会承办的主题为"'首位城市与多点多极'发展战略的思考与启示"的学术沙龙活动在成都市委党校举行。沙龙邀请了来自市发改委、环保局、卫生局、民政局、交委、成都传媒集团以及锦江区、金牛区、武侯区、高新区、彭州市、新都区和都江堰市的相关领导和市委党校专家学者共32人,就"发挥首位城市作用,构建多点多极支撑格局"进行了热烈讨论。大家围绕"首位城市"和"多点多极"两个关键词,就区域多点多极支撑格局的重要意义、成都发挥首位城市作用的具体路径、区域合作体制的构建等话题展开了深入细致的分析和探讨。市委党校经济学教研部刘华富副教授、林德萍副教授和常晓鸣讲师共同主持了本次沙龙。

与会者一致认为,加快形成多点多极的区域新格局,符合全省经济社会长期可持续发展的客观需要,是四川省实现2020年全面建成小康社会目标的必由之路,也是改变现有城市发展态势、加快各市州均衡发展的重要途径。

四川省委书记王东明同志在2013年全省经济工作会议上指出,四川发展要着力构建多点多极支撑,在加快工业化城镇化进程中,做强市州经济梯队,做大区域经济板块,为推进科学发展、加快发展和全面建成小康社会增添新的动能。在提升首位城市、继续支持成都领先发展的同时,着力次级突破,指导和推动有基础有条件的市州加快发展;夯实底部基础,发展壮大县域经济,推动民族地区、革命老区、贫困地区跨越发展,形成首位一马当先、梯次竞相跨越的生动局面。因此,如何理解"多点多极"发展战略对省市经济社会发展的重要指导意义,怎样发挥"首位城市"在区域经济发展中的带头、引领、辐射、示范和带动作用,就成为各界普遍关注的热点话题。

5月24日,由成都市社科联、中共成都市委党校和成都日报联合主办,成都市

多点多极发展战略关键词是首位城市、次级突破、夯实基础。我市省与一些经济发达省份相比,一个很大的差别在于缺乏强有力的多点多极支撑。目前,成都作为首位城市,其经济总量在全省处于绝对领先地位。后续梯队中,经济总量过千亿元的另外七八个市州规模相近、层级相当,几乎处于同一起跑线,其余的市州还在奋力追赶。变单极支撑为多点多极支撑,精准地抓住了四川省下一步发展的关键和重点,必将全方位激发我省的发展动力和活力,推动全省加快向经济强省跨越。

实施多点多极发展战略,关键路径在两条。一是首位城市的领先发展,二是二、三级城市和城市群的次级突破。首位城市的领先发展,就是成都要在全省率先

实现全面小康，在全国副省级城市和特大城市中进一步提质升位。省内各市州中，成都的经济总量处于绝对领先地位，对全省经济发展有着重要的带动作用。要着力提质升位，充分发挥要素集聚、经济带动、城市辐射、改革示范等作用，创新体制机制，拓展发展空间，壮大经济规模，着力打造带动全省发展的核心增长极。二、三级城市和城市群的次级突破，就是要统筹制定发展规划，指导和推动有基础有条件的市州加快发展，力争经济总量有新的突破、上新的台阶，从而构建强有力的市级经济支撑点。我省地域广阔，区域差异较大，各市州发展进程和发展条件各不相同，发展也很不平衡。要进一步搞好顶层设计，做好发展规划，鼓励、支持各市州从实际出发，根据不同的资源优势、区位条件、产业基础和主体功能区建设要求，积极发展区域经济，着力打造区域经济新增长极。

而县域经济的不断壮大又为首位城市领先发展和次级突破提供了坚实保障。县域经济作为全省经济发展最广泛的底部基础，应在首位城市领先发展和次级突破中放在关键位置，更应成为区域经济协调发展中不可或缺的一股力量，通过加速发展来得到不断的夯实。

首位城市的职责是带头、引领、辐射、示范、带动。成都作为全省的"首位城市"，在区域内经济社会发展中要勇于担当领先发展、科学发展的重任。具体来说，一是要加快构建现代产业新体系，培育产业竞争新优势，在全省发展七大优势产业中发挥引领作用。二是要强化西部特大中心城市地位，提升作为成渝经济区"双核"之一的引擎功能，在全省区域经济发展中发挥辐射作用。三是要深化统筹城乡综合配套改革，大胆探索、先行先试，在全省推动城乡一体化发展中发挥示范作用。四是要着力打造内陆开放高地，主动参与全球现代产业协作和市场分工体系，在全省扩大对内对外开放中发挥带动作用。五是要着力打造内陆开放高地，主动参与全球现代产业协作和市场分工体系，在全省扩大对内对外开放中发挥带动作用。

首位城市的五个职责，涵盖了区域内中心城市与经济腹地和中小城市城镇经济发展工作的方方面面，对加快建设多点多极支撑新格局具有重要的指导意义。这既反映出省委省政府对成都改革开放以来经济社会建设取得成就的充分肯定，更是对成都加快产业转型升级、做大经济规模，在带动区域均衡发展中发挥更大作用的科学决策。"首位城市"和次级城市是"多点多极支撑"战略的重要组成部分，成都要勇于挑起全省"首位城市"重担，通过深化和加强与各兄弟市州的区域合作，以构建国家级国际化大都市经济圈为目标，培育壮大城市群，共同实现经济格局的优化调整，加快构建与"多点多极支撑"格局相适应的区域合作体系。

区域合作新机制：产业分工、合作园区、城市联盟。产业的合理分工和布局，不仅是市域经济发展的着力点，也是各市州开展区域合作的出发点和落脚点，更是实现省内区域经济均衡发展的关键。而区域合作园区正是跨区域产业合作的具体体现和载体，它对破除生产要素制约、实现区域优势资源整合意义重大、成效明显。从2008年成都与资阳率先打破市域界限，共建工业集中发展区以来，成都—资阳、成都—眉山、成都—阿坝三个起步较早的园区发展已取得显著成效；成都—雅安、成都—凉山合作园区建设也初具规模；甘孜—眉山园区、广安川渝示范园区正加速建设。

从成都与其他兄弟市州共建的合作园区来看，成都市是资金技术密集型地区，在资本、人力资源、技术等方面优势明显，但限于土地、环境容量等要素短板制约，发展空间有待拓展；资阳、雅安、眉山、阿坝、凉山等地则属于自然资源富集地区，与成都具有高度的生产要素互补性。双方合作共建工业园区，一方面破解了成都作为"首位城市"发展空间制约，另一方面也带动了次级城市产业加快发展，实现了双方的互利共赢，共同做大做强了区域经济板块，促进了省域内"多点多极支撑"战略格局的加速形成。

建立城市联盟，核心是城市间的产业协作，关键在于形成分工合理、互利共赢的区域经济发展格局。成都应充分发挥"首位城市"作用，坚持"优势互补、合作共赢"的核心理念，主动在经济规划、产业布局上与兄弟城市加强沟通衔接，并通过联合招商引资、共建合作园区等多种方式，进一步深化我们之间的产业对接和经济合作。同时，建立和完善推进区域合作的工作体制，形成"党委领导、政府实施、目标督查、科学论证、信息交流"，以城市联盟的大视野推动城市产业结构的战略性调整，实施区域经济发展方式的根本性转变。

通过本次论坛，与会者觉得对省委提出的多点多极发展战略有了更为全面的认识，对成都作为首位城市继续领先发展有了更大的信心，并衷心希望在以后的日子里，社科联和市经济学会能举办更多类似的论坛和交流活动。

政务微博发展中的问题与对策

6月7日下午，由成都市社科联、中共成都市委党校、成都日报主办的以"成都市政务微博发展中的问题与对策"为内容的学术沙龙活动在成都市委党校举行，沙龙邀请了成都市纪委、民建成都市委以及锦江区、金牛区、高新区、邛崃市、新津县、温江区、崇州市、大邑县、金堂县、彭州市等部分区（市）县相关单位的负责人和成都市委党校部分专家学者，参与人数约25人。沙龙围绕成都市政务微博的发展现状、发展过程中存在的问题、政府管理者驾驭新媒体的能力等话题展开，对领导干部新媒体技术运用能力与方法的经验进行探讨，帮助领导干部提高领导思维创新水平，解决如何掌握领导的技巧方式。

与会人员积极发言，他们普遍认为，未来中国社会以微博等为代表的网络问政趋势即将兴起，网络改变了社会舆论的生态环境，网络舆情在新的舆论格局中具有不可替代的重要地位，对政府媒体执政方式将会产生深刻影响。政务微博是政府部门和官员开设的主要用于发布政务信息，倾听公众心声诉求，与公众互动交流，解决与政府管理有关的实际问题，传达党和政府的声音，及时公布相关数据和事件，从而进行网上知晓、网下解决问题。当前，政务微博已成为中国政府网络问政、了解民意、汇集民智和官民沟通的重要平台，也是构建服务型政府的有效渠道之一。随着网络技术的快速发展，越来越多的政府部门及官员推出政务微博，更准确、更迅速地传达民意，回应质疑，化解矛盾，满足民众需求，拉近政府与民众之间的距离，创新社会管理模式，促进我国社会主义现代化事业可持续发展。当前，政务微博不仅在数量上持续增长，在覆盖面、应用水平、综合影响力等方面也呈现不断上升的趋势。只有研究熟悉网络，重视网络舆情应对，了解民意，汇集民智，才能让网络成为公众参政、政府汲取民智的重要平台，从而提升政府的执政能力与水平。

对于政务微博的主要功能与作用，与会者通过热烈探讨，主要归纳为以下几个方面：一信息收集。政府网络舆情处置工作的第一项重要工作就是建立完善的网络舆情收集机制。二综合研判。网络舆情研判是运用科学的方法和手段，对互联网上汇集的各类舆情信息进行合理、全面、深刻的分析、研究和判断，透过错综复杂的表面现象，把握网络舆情的本质，提出对策建议，供政府决策和公众参考之用。网络舆情的研判是对网络舆情的定性与定量给出的一种价值和趋向判断的过程。三舆情监测。网络舆情监测，是利用搜索引擎技术和网络信息挖掘技术，对网络各类信息进行汇集、分类、整合、筛选，以形成对网络热点、网民意见等的实时舆情报表，为政府决策和公众参考提供依据。四科学引导。互联网已成为各种意见、情绪和思潮碰撞和交锋的场所，偏激言论、不满情绪、负面评论随处可见。用确凿的事实和科学的引导可以压缩谣言、噪音、杂音的生存空间。政府要尊重不同群体的利益表达，尽可能保持对不同意见的宽容和理解。在理想化的民主社会，媒体必须为政治讨论提供一个公共平台，促进公共舆论的形成，并把舆论回馈给公众。

　　沙龙还探讨了当前成都市各级部门在开通和使用政务微博的过程中的问题，认为，当前政务微博存在着地域及职能部门分布不均衡、信息时效性弱、以单向信息发布为主、缺乏交互性等一系列问题。部分政务微博的开通流于形式，缺乏自主性和主动性，欠缺后续管理和维护，成为"僵尸微博"。而微博传播的便捷性，使得任何信息一旦发布，即有可能被大量转发，政府机构倘若在发布某些信息时候，分寸把握不当，则很容易造成难以挽回的结果。微博直播传播速度快、范围广，不排除传播的信息被犯罪分子关注和利用，造成不良后果。在政务微博的开通之初，相关单位和部门应当想清楚微博开通之后该做什么、能做什么、该怎么做的问题。官员微博作为一种全新的信息传播方式，应将其微博的主要内容定位于"公共"问题，不断提高个人微博的权威性和公信力。

突发性事件媒体沟通技巧研讨

6月7日下午，由成都市社科联、中共成都市委党校和成都日报联合主办，市党校系统邓小平理论研究会承办的主题为"突发性事件媒体沟通技巧研讨"的学术沙龙活动在成都市委党校举行。沙龙活动邀请了成都市药监局、市水务局、市人大、市交委、市农科院、市委办公厅、市安监局、市质监局及成华区、新津县、都江堰市、新都区、彭州市、邛崃市等部分区（市）县相关单位的相关领导参加，就"面对突发性事件如何进行媒体沟通"的问题进行研讨，包括突发性事件发生后如何监测舆论环境、选择信息发布的时间节点、用什么方式向媒体通报事件信息、如何控制信息输出量和输出方式、抢占舆论引导制高点等内容。沙龙由中共成都市委党校文化建设教研部郑妍副教授主持。

与会者一致认为，突发性公共事件的发生，因其突发性、破坏性、复杂性，必然会引起公众极大的心理震荡，公众渴望从主流渠道获得突发性事实的真相，渴望听到权威部门的声音。倘若不能有效地遏制大众的信息恐慌心理，谣言便会跑在事实真相前面。同时，在突发性公共事件面前，一旦受到群体暗示和群体感染的影响，大众会对周围的信息失去理智的分析批判能力，从而表现为一味的盲信和盲从，忽略事实真相，进一步放大突发性公共事件的危害性。因此，必须注重突发公共事件中社会舆论的引导。

一、全程主动提供全面信息

突发事件时有发生，国内外媒体前往现场采访，目的是获取信息，及时提供信息就有可能引导舆论。但是，要改变"我提供信息媒体就会客观全面报道"的简单认识，做好全程的新闻发布，主动提供全面信息，以满足新闻媒体的更高要求。从时间上来看，可将突发事件的新闻处置分成三个阶段。第一阶段是在突发事件刚发生情况并不明朗，新闻发布的重点是抢时间，要简明扼要地讲清事态状况，消除公众的困惑和恐慌。第二阶段是突发事件的处理阶段，新闻发布的重点是与各类谣言做斗争，要动态跟进及时进行新闻发布，平息社会质疑。第三阶段是突发事件的善后阶段，新闻发布的重点是讲清各项善后措施，争取群众支持。在这三个阶段，可灵活采用发布新闻通稿、召开新闻发布会、组织媒体专访等形式，主动详尽将政府想讲的、媒体关注的和群众想知道的说出来，修复和树立政府形象，争取群众支持理解。

二、高度重视网络舆论引导

网络舆论远比其他舆论复杂和多变，具有传播快、影响大、互动性强、管理困难的特点。在突发事件的新闻处置中，一定要高度重视网络舆论引导。一是及时抢占主导权。以往新闻发布的顺序是先在传统媒体发，后在网络媒体发。现在要改变顺序。二是开展言论引导。发挥网络评论员队伍的作用，及时在主流网站运用"网言""网语"进行引导，正面回应社会质疑和错误信息。三是联合信息、公安部门，及时删除各种歪曲事实、煽动矛盾、影响突发事件处置的有害信息。

三、开展舆情搜集与研判

舆情搜集与研判是开展有效舆论引导的前提。一是平时注意研究不同类型的突发事件传播规律，分析走向和影响，形成不同的处置预案；研究不同媒体的报道特点，掌握侧重点与喜好。二是发生后搜集掌握媒体、网络、群众三个舆论场的信息，分析研判舆论焦点和发展趋势。有针对性地采取召开新闻发布会、约见记者、

发布新闻稿等多种形式灵活发布消息，用主流媒体的声音去消除网络和群众中的各类谣言。

四、加强记者服务与媒体管理

一是做好信息服务，明确告知记者新闻发布的人员、时间和地点，持续时间较长的突发事件还要成立新闻发布小组，设立新闻中心，满足记者合理的采访要求，让记者远离谣言。二是做好采访服务。对于重点媒体的记者，要提供良好工作生活的环境，争取记者的理解和支持，实现报道的客观公正。三是加强现场媒体管理。

五、保持与新闻媒体的良好关系

平时加强沟通与合作，赢得媒体的信赖，这样突发事件发生后，新闻媒体就会主动联系，进行客观全面的报道。

发挥群众主体作用，破解旧城改造难题

9月17日，由成都市社科联、成都日报和中共成都市委党校联合主办，成都市党校系统邓小平理论研究会承办的以"北改：我们的城市治理创新"为专题的学术沙龙在市委党校举行。沙龙请每位嘉宾结合自身的生活、工作经历，讲一个"北改"方面的事例，或者城北环境、生活、工作等方面的故事，给出几点启示。参加人数33人。

加强和创新社会管理，基础性、经常性、根本性工作是做好群众工作。近年来，成都市金牛区立足转型时期的特殊区情，顺应居民群众的安居梦想，以推动北城改造工程、破除城市二元结构为切入点，把群众工作渗透到社会管理创新的各方面、融入到旧城搬迁改造的全过程，创新居民"自治改造"新模式，汇聚基层社会治理正能量，较好地解决了拆迁这个老大难问题，从源头上化解了社会矛盾、维护了社会稳定、促进了社会和谐。

一、旧城改造之困

金牛区是成都市发展较早的中心城区，经济总量位居成都19个区（市）县之首，一度享有"西部第一区"的美誉。随着时间的推移和城市"向东向南"发展战略的实施，处于成都北城的金牛区逐渐成为了中心城区生产力布局最落后、城市整体面貌最差、流动人口最集中、社会管理难度最大的区域。特别是以曹家巷一二街坊、为民路和光荣西路、茶花片区等为代表的一批危旧房和棚户区（大多为上世纪五六十年代的老旧建筑），房屋破损严重、安全隐患突出、群众反响强烈。尽管市、区十分重视改造问题，但由于多种因素交织一起，一些项目动议十多年而无法启动实施，成为城市建设发展之困、群众多年盼改之痛。究其原因，主要有三个方面：

1.利益协调难度极大。以金牛区曹家巷一二街坊棚户区改造项目为例，该项目占地约198亩、各种类型房产3756户、建筑面积约19.4万平方米。该区域现有绝大多数建筑系上世纪50年代修建的建筑职工宿舍区，曾是繁华一时的"工人村"，但目前建筑已接近使用寿命，多数房屋存在墙体开裂、屋面漏雨、电线老化严重等问题，大部分房屋已鉴定为D级危房。2002年以来，省市区党委和政府就该片区改造问题多次专题研究，华西集团也多次着手进行自主改造，但都因利益难协调无法启动。一是公房关系复杂。区域内各国有企业事业单位公房2469户，占整个居民户数的66%。由于历经数十年，各类公房使用人身份极其复杂，房屋几易其主，对改造主体——公房使用人身份认定难度大。二是居民诉求不一。虽然居民盼望改造意愿强烈，但内部也存在着分歧，片区老住户希望尽快拆迁；在片区内有房又在外面居住的住户，稳收房租，对改造不着急；还有些人把拆迁改造看成是这辈子住房升级换代的最后机会，并坚信"晚走多得益"；个别人甚至搭个棚子就说"不按商铺赔偿，我就不搬"。在众口难调的利益诉求面前，协调工作举步维艰。三是整合单位较多。该棚户区与周边单位犬牙交错，若仅仅对棚户区进行改造，将不利于城市整体形象及产业品质提升。但需整合的周边7家单位隶属不同主管部门、不同权益主体，各方的利益主体意见不一，达成共识的难度极大。

2.积存问题调处极难。旧城改造的启动，容易引发潜伏多年的社会、家庭矛盾和种种遗留问题。以茶花片区城中村拆迁改造项目为例，该项目占地约1030亩，待改区域居住人口4万余人。该区域从上世纪80年代初至今，经历了数十次零征、统征，号称"拆迁历史博物馆"。由于该区域征地拆迁时间跨度较长、安置补偿政策新旧更替等影响，历史遗留问题与现实难点问题交织、合理诉求与无理取闹叠加、直接利益与间接利益缠绕。虽然街道和部门曾按照征地拆迁程序做了大量工作，但在推进实施过程中还是出现了"动员拆迁难、入户调查难、签订协议难"等现象，一度延缓了该片区的更新改造进程。

3.拆迁安置成本极高。随着拆迁补赔偿标准的不断调整和建筑成本的不断上涨，加上一些群众对旧城改造期望过高，导致拆迁安置成本水涨船高。据初步测算，金牛区多数旧城改造项目都存在不同程度的资金缺口，尽管大多群众拆迁改造愿望强烈，区委、区政府也多次寻求投资商

进行开发改造，但终因算不过账而搁浅。比如，席草田片区旧城改造项目被搬迁居民525户，拆迁面积5.7万平方米，总拆迁成本达8.2亿元，亩平拆迁成本约2000多万元，楼面地价约1万元/平方米，项目实施势必出现亏损。又如，解放路一段棚户区改造项目占地41.6亩，拆迁面积1.89万平方米，安置群众354户，总拆迁安置费用达4.24亿元、亩平拆迁成本达4300多万元、楼面地价达10773元/平方米，项目亏损压力相当大。

二、路径探索之新

旧城改造面临一系列问题，处置不当极易引发社会矛盾、影响社会稳定。金牛区新一届区委、区政府针对传统改造模式困难重重、投资企业望而却步等现实状况，抢抓北改机遇、扭住主要矛盾、顺应群众意愿，创新作为、勇于攻坚，探索了以"群众为主体、政府为主导"的居民"自治改造"模式。主要做法是：

1.创新决策程序，实现还权于民。在推进自治改造过程中，政府将项目业主的委托权交给群众，将补偿安置方案的裁量权交给群众，将项目实施的决定权交给群众，限定只有100%住户和单位签订协议才启动改造。通过逐栋推选代表、逐位代表公开投票选举候选人、逐户征求意见并签字同意，成立居民自治改造委员会（简称

"自改委")。自改委代表全体住户议事、代表全体住户进言，从成立之日起就全程参与项目摸底调查、民意收集、政策宣传和规划设计、签约搬迁、项目建设、返迁入住等一揽子事宜，分户调查、房屋确权等大大小小的事都由自改委开会自己讨论、自己决定，让群众真正成为搬迁改造的决策主体，实现"改不改由群众说了算"。

2.创新控制机制，促进角色归位。在推进自治改造过程中，政府改变了传统拆迁大包大揽的方式，强化组织领导推进，强化规划政策引领，强化监督检查指导，自觉变"划桨人"为"掌舵者"，实现"怎么改由政府说了算"。比如，针对情况复杂的曹家巷一二街坊自治改造项目，区委、区政府通过与华西集团反复协商达成一致意见，共同成立自治改造协调服务指挥部，协助自改委做好规划政策、跟踪服务、监督指导等工作；通过引导成立自改委临时党支部，着力构建党政主导下的居民自治改造运行机制，确保了自治改造有序可控。

3.创新实施模式，降低改造成本。在推进自治改造过程中，政府坚持以降低成本为导向，引导国有企业参与建设，更多承担社会责任，最大限度地维护群众利益。一方面，在充分尊重民意的基础上，积极协调投资主体、组建项目公司，由自改委代表居民同项目公司签订委托改造协议，委托项目公司具体负责项目规划设计、融资报建等实施工作，并设定启动条件，即：自治改造附条件搬迁签约期限为100日，若签约率达到100%，则项目启动，不足100%，则项目中止，避免因项目延误增加资金成本。另一方面，项目公司按照规划条件和居民意愿，在尽可能满足居民返迁安置需要、提高居住环境品质的基础上，将一部分土地用于引进有资金实力、有运作经验、有成功案例的企业进行市场运作，以土地收益弥补前期搬迁补偿成本及后期返迁安置房建设成本，实现拆迁改造资金基本平衡。

4.创新监督方法，确保公平公正。在推进自治改造过程中，政府坚持及时公开信息，将改造方式、原则、补偿方案、工作流程、住户签约进展等情况公之于众，让群众全程参与、自我监督，真正做到"监督贯穿全过程、一把尺子量到底"，确保了自治改造公开、公正实施。

花牌坊街新16号危旧房自治改造项目推行"一个标准、三块牌子"接受群众监督。一个标准即：公平、公正、公开，一把尺子量到底；三块牌子即：在改造区域的醒目位置挂上住户签约情况公告牌、签约倒计时牌和周边同类房屋价格公示牌，打消了"先签吃亏，后签吃糖"的侥幸心理

5.创新沟通手段，化解矛盾对立。在推进自治改造过程中，政府变"传统改造的先公告后解决矛盾"为"自治改造的先沟通协商再酌情搬迁"，坚持依靠群众组织去做群众工作、依靠多数群众去做少数群众工作，强化协商对话、推进柔性管理，有效化解矛盾、减少情绪对立。曹家巷一二街坊自治改造建立了以群众为主体的基层民主协商沟通机制、矛盾排查调处工作网络、家庭内部争议调解小组，利用人脉熟悉、地利人和等优势，心与心沟通、面对面交流，逐一化解各类矛盾纠纷。对于极少数漫天要价、阻扰搬迁的，采取现身说法、以理服人、以情感人等方式，发动大多数的签约住户去做好思想工作、督促尽快签约，从根本上维护了绝大多数群众的合法权益。

三、自改模式之效

经过一年多来的探索与实践，金牛区首创的居民"自改模式"充分调动了人民群众参与旧城搬迁改造的积极性，实现了旧改区域居民自治和社会管理的创新，产生了良好的社会效果，受到了上级领导的充分肯定和社会各界的持续关注。2012年12月29日，中央电视台新闻频道连续8天滚动播出"走基层·为人民服务新观察"栏目《曹家巷拆迁记》，2013年1月4日，中央电视台《新闻联播》栏目连续5天播出该组系列报道。来自北京、重庆、辽宁、山西、河南等全国各地40余个考察团共600余人先后赴金牛考察学习。1月6日，中办国办联合督查组到项目现场进行了专题调研。1月7日，中央政治局委员、中央政法委书记孟建柱同志在全国政法工作电视电话会上肯定了这一群众工作和社会管理创新模式。

1.社会管理各方力量得以整合。旧城拆迁改造被称为天下第一难，也是社会管理中的矛盾易发多发点。金牛区首创的"自改模式"，把有限的个体力量变为强大的集体合力，有效整合了党委政府、社会组织、人民群众三大社会管理主体的力量。党

委政府在"自改模式"中，充分发挥社会管理的主导作用，把角色从"划桨人"转变为"掌舵者"，在服务中实施管理、在管理中体现服务，为社会组织和广大公众参与社会管理提供空间、搭建平台；社会组织在"自改模式"中，充分发挥社会管理的枢纽作用，实行自治、自律，成为政府和群众间的"连心桥"和"缓冲带"，通过平等沟通、协商协调、教育引导等办法参与社会管理，增强了社会弹性、促进了社会融合；人民群众在"自改模式"中，充分发挥社会管理的基础作用，实行专群结合、群防群治，从社会管理的"旁观者"变为"真主人"。在曹家巷、五冶及林业厅等片区旧城改造中，出现了居民昼夜排队签约争着改、辖区单位主动加快改、社会资本积极参与改的火爆有序场面，"党委领导、政府负责、社会协同、公众参与、法治保障"的社会管理格局初步呈现。

2.利益主体合理诉求基本满足。从各地推进旧城拆迁改造的历史看，往往因为群众利益众口难调而使旧城拆迁从"好事变为坏事、易事变为难事、小事变成大事"。金牛区首创的"自改模式"，始终坚持"让城市得科学发展、让群众得切实惠"，把旧城改造作为民生工程和民心工程加以推进，通过建立自下而上的民主决策机制、务实有效的利益协调机制和双向互动的协商沟通机制，发动群众攻势，让群众说服群众、让群众教育群众，推动了利益争端低成本高效率解决，智慧地处理好了三类利益诉求：广大群众合法、合规的正当利益得到了切实维护，部分困难群众合情、合理的切身利益得到了圆满解决，极个别人不顾整体利益漫天要价的行为得到了有效遏制。如曹家巷项目为了满足家庭对"居住尊严"的渴望，通过政府和自改委的积极努力，搬迁安置方案不断优化，在原地返迁和货币终结的基础上又增加了异地安置，切实解决了1300多户面积小但家庭人口多的住户的实际困难。

3.拆迁舆论正面导向初步显现。旧城拆迁改造是破除城市二元结构、加快城市转型升级的必由之路。

传统拆迁办法往往被认为是与民争利，社会舆论难以正向作为。金牛区首创的"自改模式"，为在城市更新改造的进程中发挥群众主体作用、化解矛盾破解难题探寻了一条新的路子，较好地破解了旧城搬迁改造"怕改、难迁"的困局，拆迁舆论正向导向初步显现，产生了良性循环。2012年金牛区启动实施了旧城改造项目17个，完成拆迁面积166万平方米、拆除户数超过4000户，实现了金牛拆迁安置工作的历史性突破。占据道路红线长达19年的华达商城烂尾楼商铺及房屋仅用15天就完成了拆除工作，解放路二段低洼棚户区仅用31天就完成了100%签约。为民路和光荣西路自治改造成为全区第一个当年启动搬迁、当年完成签约的项目，花牌坊街新16号危旧房改造成为全区第一个无一起冲突、无一起上访的旧改项目，被称为"拆迁历史博物馆"的成都市中心城区最大城中村——茶花片区基本完成拆迁，拆除旧房面积近100万平方米。

四、基层治理之思

当前，我国正处在"经济体制深刻变革、社会结构深刻变动、利益格局深刻调整"的社会转型期。群众诉求多元变化，科学协调体现能力；社会矛盾不断凸显，正确调处考量智慧。习近平总书记指出，加强和创新社会管理，要同做好群众工作紧密结合起来，深入研究形势和任务的发展变化对群众工作提出的新要求，积极探索加强和改进群众工作的新途径新办法。从金牛区发挥群众主体作用、破解旧改搬迁难题的探索与实践来看，"自改模式"立足于以群众的智慧和力量来解决群众的矛盾和问题，做到在思想上尊重群众、工作上依靠群众、成果上惠及群众，顺应了广大人民群众的新期待、找到了基层社会治理的关键点，无疑是基层党委、政府在社会转型时期转变施政理念、创新社会管理的有益尝试，对于以群众工作为抓手创新社会管理主要有以下启迪：

以群众工作为抓手创新社会管理，必须自觉强化"一种观念"——群众是真正的英雄，基层组织的重要任务就是让"英雄"正向发挥作用。社会在进步，时代在发展。作为社会转型期的基层党委政府，处于社会矛盾的前沿、群众工作的一线，要顺应人民群众对美好生活的新期待、满足人民群众对公平正义的新要求，必须与时俱进转变为政理念和行政方式。要始终坚持"把人民放在心中最高位置"的价值取向，切实强化"群众是真正的英雄，基层组织的重要任务就是让'英雄'正向发

挥作用"的工作观念，自觉变"政府主体"为"政府主导"、变"代民做主"为"请民当家"，紧紧依靠群众组织去做群众工作、依靠绝大多数群众去做少数群众工作，更加具体突出地发挥群众主体作用。只有这样，才能为加强和创新社会管理提供最广泛的群众基础和最可靠的力量源泉。

以群众工作为抓手创新社会管理，必须正确处理"两大关系"——政府与社会的关系、组织与群众的关系。党的十八大提出，要深入推进政企分开、政资分开、政社分开，建设职能科学、结构优化、廉洁高效、人民满意的服务型政府。同时强调，要围绕构建中国特色社会主义管理体系，加快形成政社分开、权责明确、依法自治的现代社会组织体制。长期以来，处理政府与社会、组织与群众的关系一直就是社会管理的重大课题，政府组织代表国家行使公权，由个人组成的群众组织（特别是自治组织）代表社会群体维护私权。一方面，"政社合一"的模式使强大的政府管控延伸到社会最底层，严重压制了社会组织自主性生成；另一方面，基层组织习惯沿用"代民做主、替民当家"的固有思维，往往好心办坏事。实践证明，在基层形塑一种新型政府与社会、组织与群众关系，是构建现代社会组织体制的必由之路。只有更好履行党委政府引领转型的重要职能，更实激发广大群众共建共享的巨大热情，更多发挥自治组织自我管理的独特优势，才能激发社会活力，促进社会和谐。

以群众工作为抓手创新社会管理，必须始终坚持"三项原则"——群众主体原则、公开公正原则、依法依规原则。当前的各种社会矛盾和问题，归根到底都是利益关系。面对直接切身的利益分割，群众"不患寡而患不均"，纠结的是公平与正义，关注的是公开与透明。因此，政策不公平、信息不公开、决策不透明往往成为引发社会矛盾的焦点。作为基层党委政府，要协调好主体多元、诉求多样的社会关系、维护好广大群众的合法权益，必须也只能以绝大多数群众的根本利益为决策依据和着力方向，把群众满意不满意作为加强和创新社会管理的出发点和落脚点。只有坚持群众主体的原则，善于运用民主手段扩大群众参与，运用群众智慧破解发展难题，才能有效地化解群众矛盾、解决社会问题；只有坚持公开公正的原则，把政策交给群众、道理讲给群众、过程亮给群众、结果公示群众，才能有效地回应群众诉求、协调社会关系；只有坚持依法依规的原则，提高运用法治思维和法治方式深化改革、推动发展、化解矛盾、维护稳定的能力，才能有效地防范社会风险、促进社会稳定。

社会组织规范化发展与成都社会管理创新

12月24日，在成都市民政局和成都市社科联的指导支持下，举办了主题为"社会组织规范化发展与成都社会管理创新"的学术沙龙。沙龙邀请了市委组织部、市民政局、市经信委、市教育局、市人社局及相关社会组织代表等参与讨论。

与会专家就各自领域交流了对社会组织研究的一些学术成果，探讨了当前成都社会组织在建设发展中的不足以及在新形势下的发展机遇。多年从事社会组织会计制度研究的曾劲虹老师关于"社会组织NGO会计制度的实施"的发言得到与会专家和领导的一致肯定。

社会组织是政府社会管理的关键"阀门"之一，社会组织的党建工作一直以来得到党和政府的关心，就中组部对社会组织党建工作的关切而言，中共成都市委组织部唐美处长认为，党建工作在社会组织规范化建设中具有非常重要的作用，党建工作对社会组织规范化建设的具有推动作用。

与会专家和领导紧扣主题，热烈探讨，现场交流碰撞出智慧火花。专家们也一致表示此次学术沙龙的意义很大，对他们今后各自领域的研究有很大的帮助。

10月12日，金堂县社科联举办了"马克思主义的乡土化实践"学术沙龙活动。四川省社科联党组成员、秘书长李泽敏，四川省社科院研究员、博导、《毛泽东思想研究》主编杨先农，四川省社科联办公室主任向自强，金堂县委宣传部、县社科联和基层群众代表参加了学术沙龙活动。

马克思主义的乡土化实践

近几年，金堂县在马克思主义大众化（乡土化）实践过程中做出了一系列探索。金堂县社科联负责人史国忠说，金堂县在阵地建设、队伍建设、手段创新上都做得很到位，特别是创新手段上结合金堂的实际作了很好的探索。如：以服务群众为宗旨，针对不同群体开展大众化教育；以孝善文化为品牌，挖掘孝善典型；以兴趣吸引为主体，设计乡土热点难点作业题教育群众；着古装打更劝导群众；文艺创作、表演教育影响群众；通过文明村镇创建规范群众，等等。

五凤镇五凤溪社区代表刘述栾认为，通过打造红色生态环境，让老百姓耳闻目睹的全是红色的生态环境，让老百姓潜移默化地受到教育。通过对古镇文化（码头文化、客家文化等）的挖掘、整理、展示，激发老百姓爱家乡、爱祖国的感情。

淮口镇团结村代表说，团结村集中居住区是整村搬迁到一起集中居住，在每一幢楼房门洞设计一副永久对联，对联内容涵盖了人的一生每个阶段，主要是起教育、鼓励作用。

三溪镇代表说，要老百姓信服，必须切实关心他们的生活，为他们做实事，比如在小区管理上实施的路灯工程，号召大学生志愿者关心留守儿童等。

土桥镇代表说，通过孝善文化的挖掘和系列孝敬活动的开展，突出一种孝善文化的氛围。

听了群众代表的发言后，杨先农教授说，马克思主义的中国化、民族化、大众化（城市化、乡土化），特别是乡土化在操作层面还很欠缺，金堂县做了非常鲜活的实践探索，大众化就是文化建设，就是群众文化、先进文化的建设，要与老百姓的衣食住行等切身利益相联系，与当地的经济社会发展相联系，才有生命力、有张力。

向自强主任说，要把金堂县在马克思主义大众化的实践进一步总结提炼，要具有推广价值，省社科联与金堂县建立合作交流机制，省社科联丰富的专家资源为金堂的经济社会发展提供智力支撑，金堂县可以为专家接地气提供平台。

李泽敏秘书长说，乡土化的提出契合了中央宣传思想工作会的精神，乡土化的提出非常新颖，本次调研的目的就是运用好研究成果、宣传展示好研究成果。

成都加快新型城镇化的问题和出路

10月17日下午，由成都城市科学研究会承办的"成都科技年会新型城镇化论坛"在成都市建委440会议室召开，参加论坛人员有成都市建委、市发改委、市农委、市委政研室、市规划设计研究院的有关领导和专家学者及部分乡镇领导等30多人。

贯彻党的十八大精神，全面开启新一轮城镇化建设，坚持走中国特色新型工业化、信息化、城镇化、农业现代化道路，推动信息化和工业化深度融合、工业化和城镇化良性互动、城镇化和农业现代化相互协调；促进工业化、信息化、城镇化同步发展。城乡统筹、城乡一体、产城互动、节约集约、生态宜居、和谐发展，这就是大中小城市、小城镇、新型农村社区协调发展，互促共进的城镇化。就是在这样的背景下，市城市科学研究会举办了"新型城镇化论坛"，邀请了相关专家学者和市

级有关部门及部分乡镇领导来共同探讨如何推进成都的新型城镇化。

成都市社科院经济研究所所长钟怀宇博士作了题为"非均衡发展条件下成都城市化发展转型面临的问题与对策"的发言。他说，根据美国著名城市地理学家诺瑟姆的观点，城市化发展分为初期、高速发展期和成熟期三个阶段。也可以分为人口转移型和结构转化型两个阶段或模式。

在人口转移型的城市发展时期，低成本的城市化模式以城市对资源的强大集聚能力为支撑，在城乡关系上表现为单向的、不均衡的状态。一方面，农村不仅没有因城市化享受到相应的经济社会发展成果，反而因城市对农村资源的过度吸附而日渐凋敝，造成了城乡差距日益扩大，农村对城市化发展的支持能力日益衰竭等问题，城市化发展也因此不得不停滞下来。另一方面，城市本身的过度膨胀也造成了城市人口拥挤、土地资源价格高、基础设施超负荷运转、环境质量日益恶化、城市社会矛盾日益尖锐突出等"城市病"问题。由此，城市化快速扩张时期基本终止，城市化的发展开始进入城市功能结构优化调整时期，此时，城市空间和人口扩张开始减速或停止，城市中第三产业地位和作用超过第二产业。城市的宜居功能得到强化，城市环境治理得到高度重视，社会治理优化日益加强。城市人口和工商业迁往离城市较远的农村和小城镇，使大城市人口减少，出现逆城市化现象。结构转化型的城市化发展是城市化发展的高级形态。人口转移型城市化阶段大致发生在城市化率在70%以下时期，而结构转化型城市化发展阶段大致发生在城市化率在70%以上时期。

改革开放以来，成都城市化发展在短时间内就跨越了发达国家历经200多年的城市化进程。到1990年，成都市城市化率已经达到38.78%，开始进入城市化快速发展阶段；到2000年，成都市城市化率已达到53.48%，进入城市化的中后期阶段；到

2010年成都城市化率达到了65.3%。按照规划，2012年，成都城市化率应达到69%，这预示着以后成都将进入城市化发展的成熟期，城市化发展模式也将进入结构转化型时代。这时，非均衡性城市化发展对成都发展下一步由人口转移型向结构转变型转换造成了以下几个主要挑战或问题：

一是工业化未能充分发展，城市化持续发展的动力不足。二是城乡二元结构情况未能根本打破，可持续城市化发展的外生支撑条件不足。三是城市人口及空间规模超前扩张，城市经济发展面临劳动力和土地资源要素紧约束问题。四是由人口转移型向结构转化型转变过程中，人力资源要素配置结构调整任务艰巨。

针对以上问题，他提出成都实现城市化发展结构性转化的四个原则和五项对策：

四个原则是：1.构建和谐城市人文关系。要把更好地满足人的全面发展作为城市化发展的终极目标。2.构建城市化进程与经济发展进程相互适应、相互促进的和谐关系。3.构建互利共赢的和谐城乡关系应该更加有预见性地解决经济发展中将会遇到的城市空间的产业合理布局、人力资源素质提升及合理配置、城市经济功能与社会功能相互协调、城市生态环境质量不断提高等问题。4.构建互利共赢的和谐城乡关系，应高度重视城乡之间的互利互补性，切实进行城市反哺农村、工业支持农业的制度变迁。

五项对策是：1.转变经济增长方式和城市化发展模式，构建资源节约型和环境友好型城市。2.转变传统城市功能分区模式，构建适应城市现代化发展要求的城市空间优化格局。3.转变传统老城改造模式，努力实现城市化发展从规模扩张向品质提升的转型。4.转变经济区传统开发模式，全面提速天府新区建设。5.转变城乡市场分隔和资源配置扭曲状态，构建统筹协调、互利共赢的新型城乡关系。

最后，钟博士指出，城镇化问题不是单纯地把农业人口转为城市人口、进行集中居住的户籍问题，还需要解决他们的就业、子女入学、医保社保等等一系列问题。对进城务工人员，如果不能解决他们的住房、子女入学等等问题，最后还得退回到农村去，如果农村这时既无土地耕种，又无产业可以就业，就会陷入两难的绝境。现在农村人口转城市，欢迎，城市户籍转农村，禁止，不是合理和理想模式，这也是城市化在高级阶段需要解决的问题。

在城市结构化的过程中，大城市内大批低效、密集型、对环境有影响的企业，将转向农村发展，中心城镇的城市化要为接纳这些企业、发展产业、为农村人口提供新的就业机会积极做好应对准备。成都过去进行的统筹城乡综合配套改革在打破城乡二元结构方面积累了宝贵的经验，但离让城乡资源要素自由流动的改革目标还有一定距离，因此，应该继续深入推进统筹城乡综合配套改革，为新时期成都城市化发展提供强有力的支撑。

市建委村镇建设专家李世庆作了题目为"成都新型城镇化建设的探索和实践"重点发言。指出推进中易出现三个普遍性问题：一是片面城镇化。忽视农村，城乡

分割加剧。以牺牲农村作为代价来发展城市，"三农"问题和社会矛盾突出。二是无序城镇化。生产力布局与资源条件和城镇布局脱节，挤占农村，资源浪费，利用率低下，缺乏科学的城镇体系结构。三是低水平城镇化。在城镇建设上片面追求规模，忽视对基础设施等与群众休戚相关的城市功能的完善；在城市形态和布局上过分追求现代化，缺少地方文化特色；在城镇产业上不顾以地区资源禀赋为基础的区域功能分工，一味发展工业，导致环境污染加重，自然环境和自然条件日益恶化。现在的城镇化伴生了交通拥堵、环境污染、公共资源短缺等"现代城市病"问题，土地资源浪费、劳动力缺失和留守儿童等"农村空心化"问题，以及不能入籍、不能真正成为市民的"伪城市化"等。

新型城镇化应以实现城乡全面、协调、和谐、可持续发展为目标，走科学发展、集约高效、功能完善、环境友好、社会和谐、个性鲜明、城乡一体、大中小城市和小城镇协调发展的城镇化道路。

成都市从2004年开始探索城乡一体化的同时，已经在探索新型城镇化建设道路。八年多来，逐步克服和调整一些制约城乡协调发展的因素，形成了一些适合成都实际的做法，核心内容就是"三个集中"、农村"四大基础工程"和城乡"六个一体化"，这就是成都特色的新型城镇化。在新形势下，如何推进新型城镇化建设？按照新型城镇化的四个特征，成都市应在四个方面实施部署。

（一）全域谋划，优化城镇体系

大中小城市集群化协调发展，城镇化人口流动和转移的规律，就是"梯度流动，分级转移"。成都市需要做的是：

1.构建结构合理的新型城镇体系。即建设中心城市（中心城区和天府新区）、新型近郊卫星城（新都、郫县、温江，后增加东升、新津、龙泉、青白江、都江堰）、中远郊9个县城中等城市（后调整为6个）、34个重点镇中的20个小城镇、100多个特色小城市（特色小城镇、新农村综合体），构成梯次衔接、以大带小、功能配套、用地集约、多中心、走廊式、组团化、网络状城镇体系，有序推进全域范围内的资源共享、产业共兴、生态共保，实现市域"城乡一体、产城一体"的发展新格局。

2.加快建设市域"半小时交通圈"。全力推进市域轨道和高、快速路网建设，形成"一环七射"的市域快铁网、"二环十二射"高速路网和"二环十八射"快速路网。

3.提升大中小城市群建设。第一层级，优化大城市，以"立城优城"战略建设双核中心城市。成都中心城区以"五大工程"优化提升城市功能和形象，建设全面现代化、充分国际化、产业高端化的国际大城市。一是北城改造工程，推进城市功能提升和城市片区整体更新。二是天府新区建设，增添发展新核极，改变单中心结构，扩大城市体量。三是重攻交通堡垒，缓堵保畅，建设快速进出城通道。四是生态环境建设工程。实施全长85公里、面积约130平方公里的环城湿地公园建设。五是重要城市街区综合整治工程。借鉴人民南路整治的方式，对主要城市干道，春熙路等重要商业街区、主要场馆酒店周边的道路路面、建筑立面、绿化景观、店招店牌、家具小品、城市雕塑等进行清理整治及改造升级，加强城市古建筑保护及特色文化设计，提升城市文化品质，增设代表成都特色和文化的景观小品和标志标牌（包含英文标识），确保路面平整、建筑立面干净整洁、景观美化、交通信号和街面标识设置规范等。第二层级，着力推进新型卫星城建设。按照公交主导、组团布局、产城相融、配套完善、绿色低碳理念，提升城市功能，完善基础设施和公共服务设施，疏解中心城区人口和功能，在圈层融合中发挥示范带动作用。第三层级，加速提升中等城市承载力。紧密结合产业功能区的主导产业形态和环境资源条件，调整体制和机制，以高端化发展为方向，加强战略功能区和产业园区建设的服务，形成主导产业明确、各具特色、高端化发展的产业集群，以及服务功能完善的城市综合体。第四层级，深入推进小城市建设。大力扶持有条件的重点镇，加快产业集聚，"三化"联动发展，规划建设区域性就业中心、文化中心、商业中心，同时深化体制改革，完善配套政策，扩权赋能，积极引导重点镇发展向小城市转型。如郫县安德镇、金堂淮口镇、龙泉西河镇等都已具备小城市规模。第五层级，全面建设特色小城镇。一般乡镇积极引导农民向城镇集中，塑造城乡产业融合、生活方便、景城交融、风貌特色鲜明的小城镇。

（二）统筹产业布局，产城融合联动发展

按照主体功能分区，统筹推进"三个集中"，以新型工业化支撑新型城镇化，以农业现代化助推新型城镇化，促进新型产业化、新型城镇化、农业现代化联动发展。

1.坚持产业集中发展，增强城镇化动力，实现"高效城镇化"。成都市结合区位、环境、资源、城乡布局等因素划定产业功能区，制定"一区一主业"产业发展规划，以产业集中发展带动城镇发展。当前，优化提升21个工业集中发展区和10个工业点的业态，着力发展电子、信息、制造和软件、汽车、生物制药、食品、冶金建材、石化、航空航天以及鞋业、家具业等产业集群。

2.推进"产城一体"发展，实现"人口城镇化"。城镇化的目的是将农村人口转化为城镇人口，而不是简单的"转移"。城镇必须有足够的就业、从业岗位和创业机会。应该把产业园区作为城镇的特色功能区来统筹布局，同步规划产业新城和城镇新区，同步推进产业项目建设和生活设施配套，同步形成产业聚集效应和人口承载能力，这方面可参考借鉴安德镇、新繁镇、西河镇、寿安镇等重点镇的做法。

3.三次产业互动，大力推进现代农业。成都市顺应现代农业发展要求，将当地农产品加工归入第一产业，即农业。这是有利实现"三化联动"的基础之一。现代农业不是传统的耕作式农业，而是与市场紧密联系的经营式农业。即使分散的农户耕作，都要以公司化、社会化的方式组织产前、产中、产后、加工、销售各环节，形成产业经营体。这是现代农业的基本生产方式。安德镇、新繁镇、万春镇在这方面的探索和实践，可以参考和借鉴。

（三）"四态"融合，提升城市建设水平

成都市在传统城镇化建设过程中，曾经历过单纯注重经济发展和城镇规模扩大，造成功能缺失、生活空间狭窄、交通拥挤、城镇形象同质化、城镇个性特色逐步消失的问题。成都新型城镇化需要做到：

一是"四态融合"，构筑城镇特色和优良人居环境。即对城镇业态（产业形态）、生态（自然环境形态）、文态（历史文化内涵）、人态（社会人文状态），挖掘提炼自身特质，进而全面梳理，融合一体，构筑组团化、人性化的城镇形态，展现独特风貌特色。各级城镇应注重城镇综合体、商业综合体、文化商业街区、特色商业街区建设，优化提升城镇业态，发展现代服务业，改善居民生活服务环境；加强城镇生态环境建设，着力建设引景入城的开敞空间，优化城镇空间形态，全面改善

城镇环境质量和绿化景观水平；强化基础设施和公共服务设施建设和配套水平，提升城镇服务功能；特别要注重城镇文化建设，市域各级城市大多具有几百年乃至上千年历史，需深入挖掘城镇历史文化底蕴，延续城市记忆，彰显城市特色，大力提升城市文化艺术品位。加强文化设施建设，着力形成"15分钟公共文化服务圈"。进一步挖掘和保护古镇古村资源，加强古镇环境整治和配套设施建设，以体系完备、传统文化鲜明、环境优美的"天府古镇"群，全面展现成都历史文脉，增强成都传统文化底蕴，夯实市域城镇体系的文化本底。各个城市（镇）的内部布局组团化，形成人性化、生活化的城市空间结构，实现"园在城中"愿景。

二是"三规同步"，做好城市风貌设计。城镇总体规划、城镇土地利用规划、城镇产业发展规划同时编制，互相衔接协调，实现资源条件、经济基础和发展方向科学合理。在此基础上，开展城市风貌设计，确定城镇基本风貌定位，对城镇主要街区和重要节点作出控制性规定，并在全市域层面统筹平衡，防止同质化问题。青白江区组织相关部门，对全区（除县城和工业区外）所有城镇进行分析论证，区域统

筹，分别确定城镇主导产业定位、城镇功能定位、城镇整体风貌特色定位，这一做法值得各区（市）县学习。

（四）建设新农村综合体，统筹城乡共同进步

城镇需要按照人口流动规律和分级转移需要，分层次引导农民向城镇集中，达到城乡同发展共繁荣。城镇化的最高阶段就是城乡一体化，最终达到城乡融合。城市只有职业不同，没有身份待遇差别。人口流动可按个人能力和意愿，双向流动，自由流动。

1.分级提升城镇人口承载力和服务水平。一是中心城区发挥核心引领作用。大力推进中心城区功能提升和城市更新，持续改善中心城区人居环境。二是增强县城承载能力。以城市综合体的建设理念，加快推进二、三圈层区（市）县县城建设，加大旧城改造、新区建设和环境治理的力度，着力提升综合承载能力，有效发挥对中心城区人口和功能的疏解作用。三是强力推进小城镇建设，就近就地转移农民。

2.以新农村综合体模式推进新农村建设

按成都市的人口发展趋势，即使城镇化率达到80%左右，仍有200多万人生产生活在农村。如果不把农村建设好，小康社会、现代化都无法实现。新农村综合体是既符合现代农业生产需要，又要满足人们的现实生活需要，生产方式与生活方式相融合、宜居宜业的新型村庄。城镇化要引导农民多种形式相对集中居住，形成居住方式与生产方式相统一、又具有成都地方特色的新型村庄。要统筹考虑产业、居住、就业等因素，同步实施标准化公共服务和社会管理设施建设，充分尊重川西林盘居住形态，传承川西民居建筑特色，结合现状林盘布局，集中连片建设组团化、院落式现代林盘聚居点，充分展现成都田园风貌。建立健全农村新型社区管理机制，着力提高农民集中居住质量，促进农民生产、生活方式转变。

如何确定城镇化发展目标和建设任务呢？他提出需要根据当地资源条件及环境容量分析——确定产业门类及布局和规模——确定劳动力及人口聚集方向与方式——确定城镇与新农村布局及规模——按照业态和人居环境标准确定相应要素及设施需求——确定发展计划及建设任务——实现目标所需保障政策和措施——拟定年度工作任务。

成都人文研究所副所长雷念，从易经和风水学的角度阐述了城镇化中要注意的资源、人居环境、人口、产业、居住、城市功能配套等方面的协调、平衡、融合发展的关系。

邛崃羊安镇党委书记韩丽丽联系该镇情况谈到城镇化需要因地制宜、实事求是，要克服理想主义的城镇化，防止上级主管部门按指标来强行推进的城镇化倾向。城镇化应以市场为主导来推进，必须要强化乡镇的人、财、物、事权利，让乡镇一级政府部门在城镇化中发挥更大作用。目前的乡镇事权、财权由县统管的体制应加以调整。

温江万春镇党委书记丁宁谈到万春镇无工业，依托花博会和国色天乡项目，产城一体发展，无大拆大建，实现了就地城镇化目标。利用林盘建设幸福田园村庄，引进公司搞花木都市农业，集中安置农民236户、707人实现城镇化。企业在搞乡村酒店，发展旅游经济上，采取土地、花木、新居方式，向农商银行融资6000万，较好地解决了部分资金问题。但在城镇化中也产生了诸多困惑：一是资金问题。推进城镇化中的生产要素、人员流动、资源利用、设施建设等等中的资金从哪里来？目前的金融政策对产城一体、都市农业、旅游服务业等支持力度不大。二是土地问题。城镇化需要解决的工业用地、集体用地、农户用地的审批难，怎么解决？

新繁镇党委书记毛中毅在发言中说，该镇是以传统的泡菜、家具产业带动了城镇化的发展。在城镇化中要防止不适合本地的工业项目布局发展。要把当地产业辐射与市政交通规划通盘考虑。城市规划要起点高，产业规划要结合当地资源和环境。对旧城改造中的"插花地"（5~10亩）要充分发挥其作用，财政资金应给予支持。农村用地、建设用地，该镇上报了13个项目，都未得到批准，影响了城镇化的发展。前几年旧城改造中，新繁已负债2个亿，还有其他遗留债务。新型城镇化，税收应给予扶持。基础设施建设，省、市应给予特色镇建设的专项资金支持。资金严重不足已成为城镇化发展的瓶颈问题。在行政体制上，上级应把人、财、物、事、责放权，加大地方权利，也请专家们对此进行专门研究。农村人口的社保，政策性强，应由上面统管；现放权给乡镇，乡镇严重缺乏专业人员，以后会出现问题。

崇州桤泉镇副镇长牟崇文说，该镇实施就地城镇化以来，城镇化率已达70%左右。目前的问题是农户走了，种田的人少、地荒，农田进行机械化整理，需加大力度。2009年搞土地产权管理，农民只领到一个本子，作用不大，未见到钱。乡镇缺

乏产业支撑，许多应有的配套设施建设也未跟上。

金堂县淮口镇镇长蒋增兵谈到，金堂实施工业强县，淮口镇城镇化率已达80%。现在搞产业，年轻人少，缺乏专业人才，中年人学习新知识和新技术有一定困难。城镇化最缺配套设施建设，如滨河绿化、公厕、市政设施维护、道路建设，都遇到资金瓶颈。

青白江区城厢镇镇长邱方林说，镇区搞万国机电城工业园区、大型物流园区和农产品加工区，产业发展好，城镇化推进快。如一个500亩农产品深加工区，2010年引进8个企业，去年3个企业已开工生产，产值达1.5亿元。搞农业现代化，要体现在对农产品的深加工上。要允许乡镇建农业产业深加工园区，进一步完善园区土地调整指标，匹配土地资源，水电气配套，出台相关的资金、税收挂钩政策，以迅速推进城镇化。现在乡镇基层责任无限大，管辖权却在上面，推进城镇化缺乏资金、专业人员。基础设施大的上面管，小的自己找钱修建，困难很多。一级乡镇一级财政的目标达不到，要完善财政体制改革。

龙泉驿区洛带镇副镇长林刚认为，乡镇的城镇化要在中心城市带动的圈中去通盘考虑，顶层设计，按照资源、空间等关系划分城镇产业功能。首先要搞好规划，其中最重要的是交通规划，确保连接辐射功能畅通。其次是设计制度。如户籍制度要能够从农转非、非转农双向流动。税收分配，高端制造业地区的高税收应该向农业、旅游业等低税收的地区补贴。要有平台建设制度，进行公投、农投、融资建设，对

乡镇进行造血功能设计。要有人才引进平台，如建立龙泉山管理委员会，运用公司制度，贴近市场管理。小城镇要享受与中心城市同样的医保、社保、教育等制度。建立土地分配指标直通车制度，以解决城镇化中急需的土地指标问题。第三是分头去搞。城镇抓制度规划，产业定位，统筹城乡，让各种要素流动起来，有人、物、地、财、权、责。新农村综合体，是新型城镇化的一部分，要让愿意留在农村的人，仍然能享受到城里人相应的待遇。

市城市科学研究会办公室负责人杨胜模作了总结，感谢专家学者和市级相关部门及乡镇领导热切参与论坛，畅所欲言，使论坛办得很成功，收到了预期效果。本次论坛的内容将整理成纪实新闻材料，上报市委、市政府，并通过相关媒体宣传，以引起政府和社会对成都城镇化问题的高度关注和重视，进一步加快成都新型城镇化步伐，让走在中西部前列的成都新型城镇化更上一层楼。

●文化育人●

新津山水文化资源的挖掘和利用

中积淀下来深厚的山文化和水文化内涵即为山水文化，其历史长、数量大，形成资源。由此看，新津有五条大河贯通全境，水面积占全县10%；有长秋山脉、牧马山覆盖东及东南，山地面积占全县20%。在川西平原的区县中，山水资源构成的地理环境颇为独特。水为岷江正流及支流，山为邛崃山余脉，海拔400~500米。

新津山文化资源主要体现在，新津境内的天社山（隶属长秋山）有三处山系文化山，一九莲山佛教文化，二老君山道教文化，三修觉山唐宋文化。九莲山距离县城7公里，此处有全国重点文物保护单位观音寺，此寺建于明朝，寺内的明朝壁画与雕塑为佛教艺术瑰宝，在中国美术史上占有重要地位。至今香火旺盛，朝拜者不绝。老君山距离县城1.5公里，其山海拔560米，为新津第二高峰，山顶有老君庙。此山最早名"稠粳山"，因汉末张天师于此传播道教，称名稠粳治。故后来山顶建庙老君庙，山名也改为老君山。因历史的原因，此山道教历史漫长，道教文化浓郁，是四川重要的道教胜地。老君山在晚清，成都著名的地方学派槐轩学派入驻，使得道教文化与槐轩学派相互融合，形成新的学术文化景观，成为成都乃至四川著名的文化山。老君庙至今依然香火旺盛，道教氛围浓郁，朝拜者络绎不绝。修觉山与县城相距0.5公里，中间只隔一条河。此山在明清两代被定为中华名山，山顶有唐宋两朝文化遗迹多处，杜甫、温庭筠、陆游、范成大、苏辙、钟惺等历史文化名人居在此游览吟咏，杜甫名诗《后游》即在此山之修觉寺写成。由于交通变化，民国时期，此山渐次寥落，遗迹也渐渐稀少（目前同森项目在有计划恢复）。此三座山形成新津浓厚的山文化资源，其内涵和形态在全域成都为唯一。

3月13日，由新津社科联承办的本年度第一期学术沙龙在新津南河南岸雅阁举办。本期沙龙讨论主题是新津山水文化资源的开掘利用探讨。沙龙邀请了来自文化、宣传、地志、教育等部门的10余位同志与会。大家畅所欲言，就本期沙龙主题进行了热情的讨论。与会者认为，新津一水二丘七分坝，山水资源丰富，在漫长的历史中累积了丰厚的山水文化底蕴，在成都区县都比较少见，应重视整理开发。如将新津的山文化与发展山地养生休闲相结合，以及开掘水上游乐等都是非常值得做的事业。沙龙在轻松愉快中不断将话题引向深入，内容引人深思。

对新津山水文化概念作了界定。由山水构成的新津自然地理格局在漫长的历史新津水文化资源体现在境内有五条河：金马河、羊马河、西河、南河、杨柳河五条河纵贯新津全境，历经漫长历史，水域形成深厚的水文化资源。新津水文化主要呈现以下形态：（一）诗文。五河流过新津，江水清清，成就了新津清丽恬淡的美学意蕴。又因新津地处交通要道，古往今来，过往骚人墨客多有名篇佳句吟咏新津这片浩浩汤汤的水域。如杜甫，在新津留下8首诗。这些清词丽句已然成为新津水文化中重要遗产。（二）桥梁。新津水多，桥自然就多，清道光年间新津有桥91座，桥成了水文化的又一个载体。（三）水运。新津河流众多，利用河流发展水运的历史相当久远，由此形成发达的水上交通，自古即是岷江中游著名的航运枢纽和物资集散要地，号为"新津港"。其水路路线绵延千余里。（四）堰堤。河流众多，境内堰堤遍布，著名的有位居四川第二的通济堰，至今仍有重要作用。形成独特的堰堤文化景观。（五）渔猎。渔猎文化是新津说文化的一个重要体现，它呈现了新津独特的一种生产方式。新津渔猎种类甚多（统计有18种之多），其多样性可谓成都地区唯一。（六）龙舟会。这是新津名气最响亮的一种水文化形式。历史悠长，内涵丰富，参与者众。

新津山文化的开发利用。新津山系系丘陵山地，适合登临休闲。因此可发展山地休闲文旅产业，并在发展文旅产业时注意与长秋山系的宗教文化相结合，使游客既达到登山健身，又沐浴文化的目的。但在开发利用中也要做注意不可过度开掘，避免伤及文化遗产。要保护遗产使之持续传承。目前要做的是作一个全面的山地文旅休闲规划。其中要注意兴建一批配套设施和小品建筑，使九莲山、老君山、修觉山三处文化遗产整合起来。

水文化之开发利用。（一）建立"新津水文化博览园"。博览园首先要注意选址。要地势开阔，紧邻水区，同时兼具交通便利之地。新平镇团结村（老地名唐渡口）是首选之地。这里地势开阔，紧邻南河，风光旖旎。顺河道坐船溯流而上，或是顺流而下，可以欣赏南河两岸的美丽风光。渡河而到南岸，则可到梨花溪、观音寺等地游玩。（二）"新津水

文化博览园"的布局。博览园可分两大部分：实物陈列区和亲水互动区。实物陈列区主要是运用实物让游人切身感受新津水文化的魅力，让他们认识新津人是如何认识水、治理水、利用水、爱护水、欣赏水的。如运用文字和图片对新津江河概貌、水运、灌溉、渔猎、河鲜、水上运动、会馆等做介绍，同时配以相关的实物水车、水碾房、渔具等，定会生动形象，吸引大量的观众。亲水互动区让游客直接体念渔猎之乐。

（三）举办新津水文化节。新津的旅游景点众多，且大多与水关联，可举办水文化节，将这些散乱的景点以水文化思路进行整合、宣传。可以在"新津水文化博览园"举办一年一度的"新津水文化节"。届时人们可从博览园出发，沿水路，或陆路，游览新津各处景点，观音寺、新平古镇、黄州会馆、梨花溪、老君山、花舞人间、纯阳观等等，还可领略新津风土人情，品尝河鲜美食。

青白江区举办第28届桃花诗会暨诗歌沙龙

又是一年春来早，古风今韵咏青江。3月14日，由青白江区人民政府和四川省作家协会主办，区委宣传部、区文体广新局、区社科联、区文联承办的"古风今韵咏青江"2013·成都青白江第28届桃花诗会暨诗歌沙龙活动在姚渡镇桃源休闲庄成功举办。向进、侯晓红、白涛、王勇等区领导，吕汝伦、曹纪祖、熊焱、干天全等省市作协领导、著名诗人以及区内诗人、诗歌爱好者、诗歌征集评选活动获奖作者代表等60余人参加了活动。

桃花绽放庆盛会，诗歌沙龙谋发展。沙龙活动分为主题发言、专题发言、自由发言三个环节。省作协党组书记、副主席吕汝伦发表了热情洋溢的讲话，对青白江诗歌文化的传承与发展寄予了厚望。省作协副主席、秘书长、诗歌评论家曹纪祖代表与会嘉宾做了主题发言，发言主旨鲜明，寓意深刻，阐述清晰，旁征博引，让与会诗歌爱好者们受益匪浅。专题发言环节里，《星星诗刊》编辑、著名青年诗人熊焱，著名诗人、川大教授干天全，获奖作者代表以及区内诗人、诗歌爱好者们分别就诗歌创作、诗歌鉴赏、诗歌普及等知识进行了交流发言。诗会现场氛围和谐，学术研讨气氛浓郁。发言或情真意切、娓娓道来，宛如春风拂面，沁人心脾；或激情四射、波涛汹涌，好似暴风骤雨，呼应共鸣，不断激发着现场诗歌爱好者们的创作灵感和激情。在随后的自由发言环节，与会嘉宾、诗人、诗歌爱好者们竞相登台献

艺，吟诗作赋，咏春赛诗，把整个活动推向了高潮，吸引上百游客驻足观看。

"花为媒"广交四海宾朋，"诗会友"构筑文化发展平台。本届桃花诗会诗歌征集活动自1月启动以来，历经3个月时间，共征集到来自全国各地的诗稿200余首，作者来自社会各个层面，身份涵盖了高校和中小学师生、公务员、企事业单位员工等。应征作品紧扣主题，立意新颖，情感真挚，事实生动，视角独特，从多种角度和不同侧面反映了青白江近年来在政治、经济、文化、社会、生态文明建设等方面取得的可喜变化和重大成就。最后，经组委会审核评定，共评选出一等奖2名、二等奖6名、三等奖10名、优秀奖12名，并现场公布了获奖名单。

本届桃花诗会以"古风今韵咏青江"——青白江诗歌文化的传承与发展为主题，以自由、宽松、和谐的诗歌沙龙形式，引导与会专家、诗人及诗歌爱好者们，围绕繁荣诗歌文艺创作、提升诗歌鉴赏水平、推进诗歌文化普及进行交流发言、学术研讨，吟唱古风、韵咏青江。与会嘉宾、诗人、诗歌爱好者们用诗、用歌、用笔、用心，热情讴歌了青白江"五位一体"建设的生动实践和巨大成就，倾情描绘了青白江作为成都北部具有强大集聚力和辐射力的文化发展特色区的美好未来，为全区干部群众深入贯彻市委"五大兴市战略"、担当"首位城市"发展重任、打造西部经济核心增长极、开创"五区"发展新局面、建设富裕文明和谐幸福青白江提供了强大精神动力。

新都画院开展新都题材外出写生沙龙

为庆祝新都画院喜迁新址，同时为筹备新都画院成立20周年庆典活动，3月20日，新都画院在新都文广中心二楼新址举行了"2013年新都画院画师研讨新都题材暨外出写生创作"沙龙活动。新都画院10余位画师到场参会，同时沙龙还邀请了著名国画家杨国生先生，成都东山书画研究院院长、龙泉驿区美术家协会主席熊英杰先生以及区文体广新局副局长曾顺达先生出席本次沙龙座谈。新都画院院长周平谈了新都画院20年的成长历程，并对画院画师提出了较高的艺术期望，希望在新都区委、区政府的领导下，为新都文化艺术事业做出更大的贡献。座谈会后，画院画师及到场艺术家一同赴金堂梨花沟开展写生创作活动。本次写生活动持续两天，并计划于活动结束后组织一次小型写生交流座谈会。

都江堰纪念毛主席视察都江堰55周年

缅怀伟绩，百姓想念毛主席；大唱红歌，歌颂中国共产党。3月21日，都江堰市社科联同都江堰市长征历史文化研究会在幸福镇民主村1组屋顶荷花园举办了毛主席视察都江堰55周年纪念沙龙活动和红歌会。四川省毛泽东思想研究所、成都市毛泽东诗词研究会、都江堰市收藏家协会有关专家学者、红色收藏家以及当年接待过毛主席的都江堰（原灌县）有关人员等150多位嘉宾参加了纪念沙龙活动。

纪念会上，四川省毛泽东思想研究所副所长胡学举教授现场作了"毛泽东思想与都江堰水文化"的报告；都江堰市幸福食堂原经理刘祚昌真情讲述了1958年3月幸福食堂筹建、接待毛主席、服务毛主席就餐与毛主席三次握手的难忘情景；幸福镇农民任国民回顾了当年在回家路上见到毛主席的幸福往事；柳街镇农民演员康弘

用小品、说唱形式讴歌了"共产党的政策就是好"；都江堰市委宣传部老领导、红色收藏家宋如海用自己的亲身经历，宣讲了毛泽东思想和毛主席视察都江堰农村的重大意义。

当天的纪念活动既是红色故事会，也是乡村红歌会。来自成都快乐星期天合唱团、都江堰市幸福镇友爱社区文艺宣传队、柳街镇柳风艺术团的群众演员，分别表演了《江山》《红梅赞》《万泉河水》《茉莉花》《十送红军》《疼爱妈妈》《毛主席来到咱农庄》《学习雷锋好榜样》等12个文艺节目及青城太极表演。

最后，全体齐唱《没有共产党就没有新中国》，纪念沙龙活动在歌声中落下帷幕。

新都区本土作家谈文学创作

　　3月23日，新都区社科联、新都区作家协会举办"本土作家谈文学创作"学术沙龙活动，新都区作家协会曾元孝主席、庄增述副主席等讲述自己的创作心得，探讨文学创作的相关知识。大家谈感受，谈创作计划，对新都区作家协会2013年工作进行谋划。2012年，新都区作家协会出版了《大丰诚信故事》一书，由15位作家分别采访大丰好人，以讲故事的形式，反映公民道德建设状况。2013年，新都区作家协会计划出版《创新社会管理　建设六个新都》和《新都好人——第二届道德模范·新都好人事迹纪实》两本书。同时，开展"我与作家一起读书"等公益活动。

　　曾元孝主席介绍了本区一年来文学创作成果。新都区文联在市文联的关心指导下，紧紧围绕区委、区政府中心工作，贯彻落实党的十七届六中全会和党的十八大精神，围绕中心、服务大局，坚持百花齐放、百家争鸣的方针，坚持贴近实际、贴近生活、贴近群众的原则，精心组织文艺采风和文艺创作，为丰富群众文化生活，促进文艺事业大发展大繁荣，推进文化名区建设，做出了积极贡献。区文联工作者们围绕主旋律，创作出了贴近现实生活、反映时代风貌、内容健康向上的文艺作品，产生了良好的社会影响。在文学创作方面，涌现了一批优秀的文学作品。编辑出版新都本土作家作品专辑《新都文韵》、人物纪实专辑《新都好人——第一届"道德模范·新都好人"事迹纪实》《新都春秋——明代状元杨升庵金榜题名五百周年纪念专辑（1511—2011）》等书籍。曾元孝创作了本土题材的反映农村改革发展的新长篇小说《倩魂》和儿歌集《驾驶雪橇的儿歌》。作家白兰华出版散文集《无法停止的歌唱》。本区作家庄增述、谭宁君、余晓曲、白兰华、余志勤等作家先后在国家、省、市级报刊及公开网站发表文学作品500余篇（如《红领巾》《小溪流》《学生家长社会》《今日中学生》《宝葫芦》《成都文艺》《四川文艺》《青春美文》《成都人口》《新都资讯》等）。区文联积极发展网络文学，作家余晓曲创办了"中国格律体新诗网"，为格律体新诗的展示和发展提供了新的平台和阵地。

庄增述副主席说，2012年区作家协会取得了丰硕的成果，协会成员先后在国内众多报刊和公开网站发表大量文学作品，多篇入选市、省作家协会的精品选编本，个人和区作家协会（合作）出版5部著作。9部著作成为网络畅销作品，获得市、省、全国文学奖（政府奖）3项。5位作者被吸收为成都市作家协会会员。《新都文韵》《红地毯的灵魂》《吴虞传》等5部作品与北京网络公司新签了畅销数字作品合作协议。2013年，区作家协会的创作思路是，打造文化精品，以微电影基地、快乐周末·百姓舞台、百姓故事会·新都龙门阵、"宝光之宝"系列文化丛书等为主体，组织艺术家策划高端文艺演出，编排精品文艺节目，大力发展文化旅游和创意经济，实现文化产业的高端切入。就个人创作而言，注重故事的矛盾冲突和细节描写。前不久，庄和一位老大爷摆龙门阵，他说自己的儿子很粗心，庄听了不以为然，说："年轻人嘛，粗心一点，没有关系。"可接下来老大爷的一番话，就很有意思。他说，自己的儿子粗心，做事情"晃得很"，给老板开车，有一次，把车轮子都跑掉了一个，还没发现，硬是把老板送到了公司，老板下了车，才发现。你说好"晃"嘛！庄认为，这就是故事素材。各位作家在创作的时候，一定要注意生活中的这些细节，很有意思，有故事情节，值得大家挖掘。

白兰华说，"在今年的六一国际儿童节，我计划和清白小学一起开展'我和作家一起读书'活动。孩子们在活动中面对面地与作家进行交流，通过作家的指导与推荐获取更多的好书交换阅读，从而激发孩子们阅读课外书的兴趣，丰富他们的课外知识，提高阅读和写作能力，增强自信心，树立自立、自强的观念，培养孩子们的善良友爱的心。孩子都是纯洁的天使，他们的成长关系到祖国的未来，从小对孩子进行正确的引导和帮助，鼓励他们多读书、读好书，是每一个教育工作者应尽的责任。"

新都区社科联秘书长、新都区文联副秘书长乐惠蓉说，"在'我和作家一起读书'活动中，我们可以联系新都区图书馆为清白小学馆外流通服务点授牌，由新都区图书馆免费为清白小学提供儿童读物，并定期轮换，供学生阅读。同时邀请四川省作家协会会员曾元孝，中国作家协会会员、国家一级作家邱易东到孩子们中间，通过浅显易懂的语言与孩子们分享读书的乐趣与方法。我还建议新都区小草公益服务中心参加这项公益活动，由志愿者们为同学送上精美的节日礼物，并祝愿孩子们学习进步，健康成长。"

社科专家到邛崃考察"长征路线"

为深入贯彻落实党的十八大精神，落实四川省委书记王东明关于推进长征路线申遗工作的指示精神，推动长征文化走向世界，为四川省委"多点多极支撑发展战略"服务，大力促进革命老区经济、社会、文化的发展，全面建成小康社会，3月29日，受省委宣传部的委派，"长征路线申遗"文化资源调查小组一行在成都市委宣传部和市文物局的陪同下对邛崃市高何镇红军长征纪念馆进行了初步考察。考察组认为邛崃市红军文化资源丰富，是成都市唯一的革命老区，得天独厚，将在"长征路线申遗"中占有重要的位置，具有很大的开发价值。近期还将继续对邛崃市的红军文化资源进行详细的考察。

在毛主席身边工作的日子

在全国各族人民即将迎来人民领袖毛泽东诞辰120年之际，成都毛泽东诗词研究会第二、六组于4月11日在成都青羊区玉沙路社区活动中心举办了一次学术沙龙活动。本会常务副会长余崇文赴会指导。

沙龙活动首先由本会会员李展同志以"在毛主席身边的日子"为题，作了主旨发言。他从"全国人民的重托"、"主席工作生活作风"、"重视农村调查"、"关心警卫战士"等几个方面，讲述了他在毛主席身边的亲历亲见和亲身感受，与会者也如同近距离地看到了领袖人物的日常生活和人格风采。李展从1956年10月至1973年2月的17年间，担当中央警卫团一中队队员、团政治部秘书和大队副政委等职，一直肩负着保卫人民领袖安全的重大责任。除了毛主席平常找中央领导同志研究工作、出席各种会议和接待外宾来访等内部事务不能参与外，无论固定执勤或随行保卫，

他都经常参加，因此对毛主席日常生活十分熟悉。与会同志听了他的讲述，深感作为领袖的毛主席，随时随地都在践行着为人民服务的宗旨，深感他既是人民领袖，也是普通劳动者中的一员。

大家最为感动的有以下几点：

毛主席不到装饰豪华的场所办公，比如北京的玉泉山、钓鱼台，设施一流，常年接等外宾，十分舒适，他却不住那里，而是坚持在年久失修的中南海菊香书屋院内办公。他的办公室除了一张办公桌、一套沙发、一幅中国地图、一幅世界地图和一个字纸篓，并无其他奢侈物品。他的铅笔即使还剩1/3，仍要继续使用，对院子的电灯他也要警卫战士养成随手关灯的习惯。

毛主席本应和常人一样有规律的作息时间，而实际常常是夜以继日、废寝忘食。在东欧发生匈牙利和波兰事件的1956至1957年，他有时彻夜工作到第二天上午，刚睡下又醒来。1957年6月20日参加了全国人大一届四次会议，晚上接见巴基斯坦议会代表团，接着一直工作到第二天，他只有和衣睡在办公室内。刚睡不久，又接到电话通知参加人大会议。起来后饭也未吃即赶赴会场。他的厨师说，主席吃饭从无准时准点，只有做好以后等着，凉了再热，热了又凉，大家都很心酸。

毛主席接收的礼品一律归公，决不据为己有。但是像水果、茶叶等不易保存的食品，常常是送给警卫战士们分享，连自己的子女也不能沾边，特别是节假日，他总要送给战士们一些水果等食品，以示慰问。唯独由他长期使用的只有郭沫若送的那块手表，其间出现过故障，后经修理他仍戴着。这其中可能与他们之间的深厚友谊有关。

毛主席本来就有广博的知识，仍孜孜不倦地读书学习。除了他的专用书柜以外，案头、床头都少不了书和报纸。1961年6月13日，中央警卫局局长汪东兴在文教工作座谈会上说，毛主席快七十岁了，还在学习英语，为什么呢？主席说，学英语有两个好处，一个是听人家说，我易懂；一个是不懂的，便于找英语字典来查。可以说，古今中外的书和大报小报，他都会有选择地学习阅读，借以咨政。而且，毛主席是把读书以及游泳看作是休息机会，所以坚持不懈。

毛主席对子女总是按普通人家要求，从不谋求特殊照顾。他的两个女儿穿的都是普通孩子的衣裤，上学也跟着普通孩子一样骑自行车往返。1959年8月，大女儿

结婚，只有双方亲人，请了邓颖超和蔡畅两位大姐参加，加上身边工作人员，总共只有两桌客人，晚上请大家看了电影《林则徐》和《宝莲灯》，就算完成了女儿的婚姻大事。

毛主席对饮食、起居总是从俭，决不铺张浪费。他的卧室只有木板床和简单用具，铺着素色床单和被褥，毛巾被补钉连补钉，也舍不得更换。平时伙食就是大米加小米，最爱吃辣椒、苦瓜、南瓜等蔬菜。有时厨师给他做了鸡肉，他嫌太贵，说不合口。自从遵义会议以后就担任主席警卫工作、后任主席所在党支部的一支部书记张耀说："主席实际过的是中国普通农民的生活！"

从闹革命起，毛主席一直关注着工农劳苦大众的政治、经济、文化状况，因此，他十分重视对来自工农的警卫战士培养。从1955年起，就提出要办文化学校，并自任名誉校长，又制定了分段实施的方案。第一阶段用两年时间，补习好小学课程；第二阶段用三年时间学习好中学的语文、数学、理化、史地、动植物和农业生产知识等；第三阶段在中学考试合格的学员再进入大学深造。直到"文革"开始都在按计划进行，收获甚大。李展同志参军前仅有初中文化，到了中央警卫团先后学习了高中和大学语文、高中数学和物理等课程，文化程度大为提高，他曾写过几十篇回忆纪念文章，已被中央、地方和军内报刊选登。退休后还写了《黑湾子》、《爱恋之花》等长篇、中篇小说，并编写了《我们的名誉校长》一书。这些都是在中央警卫团的学校里打下的文化基础。

毛主席还注重培养他们的工作能力，办法之一是让他们返乡开展农村调查。毛主席为此给他们写了《出差守则》，要求调查农村生产、分配、社员收入和干部作风。有时毛主席还要提农业知识方面的问题，对汪东兴他也问过农时节气的知识问题。后来，汪东兴到江西任副省长兼农业厅长，有时也请警卫战士同他一起吃饭时了解农村情况，还不时地给战士碗里夹菜，鼓励他们打消顾虑。李展本人曾作过三次返乡调查，通过和社员干部一起劳动交谈，了解到了许多真实情况，主席没时

间听他汇报，但向中央政策研究室汇报了。办法之二是让他们参加社会主义教育活动。李展当时在江西上饶地区一个公社参与了这方面的实际工作。办法之三是让他们在"文革"期间参与"友左友工友农"和军管军训，李展同志去了北京二七车辆厂。通过实际锻炼，大大提高了警卫战士们了解社会、做好工作的本领。可以说，毛主席对自己子女的教育还没有这么上心，但是对身边的警卫战士却颇费心血，这也是毛主席为人民服务的又一生动体现。

与会者听了李展同志的讲述，心情颇为激动，讨论很是热烈。大家一致认为，这些生动事例使大家知道了一个真实的毛泽东，知道了一个全心全意为中国劳苦大众服务的毛泽东。因此，大家建议李展同志再把材料加以整理，在本会会刊《丛中笑》上发表。一些未作记录的同志纷纷向李展同志索要材料，以便会后重温；一些因病因事未能赴会的同志也希望看到材料，以补未亲自听到讲述之遗憾。整个学术沙龙开展两个小时。

金堂县村社区思想道德建设工作研讨

全面提高公民道德素质是党的十八大提出的要求，要坚持依法治国和以德治国相结合，着力加强社会公德、职业道德、家庭美德、个人品德教育，弘扬中华传统美德，弘扬时代新风。金堂县社科联于5月12日举办了村社区思想道德建设工作研讨学术沙龙活动。中共金堂县委宣传部、县文明办相关人员和乡镇、村、社区代表参加了沙龙研讨。沙龙由县委宣传部干部史国忠主持。

史国忠首先就开展村社区思想道德建设工作研讨的背景和要求谈了自己的认识。金堂县有在农村开展思想政治工作试点的经验，在体制机制的建立上、活动载体的选择上、重点内容的确定上都做了卓有成效的探索，在村社区开展思想道德建设要按照党的十八大的要求，紧密结合村社区实际，以"四德"建设为重点，以群众喜闻乐见的形式，使老百姓入耳入心。

土桥镇党委副书记邵秀琳说，土桥镇朝阳社区有着深厚的孝文化积淀，我们把"孝善"文化建设作为一个重要抓手，着力培养老百姓敬老、行善的美好品德。通过开展"孝善"文化、"五进"活动（进社区、进院落、进学校、进企业、进机关）等打造幸福文明家庭等一系列活动，以孝善聚合力、保稳定、促发展，弘扬尽孝思想，升华行善理念。

五凤溪社区党委书记刘述栾着重从教育的"乡土化"谈了看法。建设"百姓艺术学校"，开展书画、象棋、舞蹈等活动，丰富群众的日常生活，培养广大群众高尚情操。同时，充分发掘五凤古镇悠久的码头文化、宗教文化、会馆文化、蜀地文化，利用五凤镇是著名哲学家贺麟的故乡这一名人效应，着力打造五凤古镇，从言行举止规范教育老百姓。

赵镇副镇长肖钧认为，赵镇地处县城，结合各村社区的实际更好地整合县城优势资源，借助县委县政府整治老旧院落，加强院落自治组织建设，促进居民自我管理、自我教育、自我提升。推进"文化赵镇"建设，突出文化引领。培育壮大"社区草根文化"、"韩滩诗歌文化"，打造"鳖灵人家"，在每个村社区确立了宣传教育主题。

金堂县委宣传部干部唐德学、陈学仕等同志也谈了自己的看法。通过深入交流，县委宣传部、县社科联将结合大家的建议意见，拟定出"金堂县村社区思想道德建设实施方案"，待县委领导同意后在部分乡镇村社区进行组织实施。

道德模范助推"中国梦"起航

自强不息中国梦，争做勤劳善良中国人。5月16日，由青白江区精神文明建设委员会主办，区委宣传部、区文明办承办的2013年"道德模范·青白江好人"访谈暨表彰活动在凤凰湖田园广场阶梯会议室举行。四川省文明办综合处处长刘建刚、成都市文明办副主任李晓阳、成都市文明办综合处处长高齐强，青白江区领导向进、侯晓红、白涛、王勇等出席了活动。青白江区级机关干部、企业职工、志愿者、中小学师生及社区居民代表等共计200余人参加了此次活动。

整场活动在青白江区首届"道德模范·青白江好人"先进事迹宣传短片的播放中拉开了帷幕。短片对青白江区15位"道德模范·青白江好人"的先进事迹分别进行了宣传介绍，与会观众深受感动，掌声此起彼伏。活动现场还对青白江区的三位"中国好人"马路、夏克秀、白德全进行了现场访谈。助人为乐道德模范马路是青白江区的一位个体户，他在经营中不计较个人得失，处处替别人着想，想方设法热心为周围群众做好事、办实事，被当地干部群众誉为"身边的活雷锋"。孝老爱亲道德模范夏克秀是青白江区一名普通的教师，她在兢兢业业地干好幼教工作的同时，25年如一日地照顾自己脑瘫双胞胎儿子，使孩子们的生命之舟得以继续扬帆远航，把母亲的亲情和教师的责任演绎得尽善尽美，创造了生命和教育的奇迹。敬业奉献道德模范白德全是青白江区人和学校校长，他无私奉献，为校园建设费心劳力，关爱留守儿童，在自己平凡的岗位上践行着人民教师的神圣职责。三位好人讲述了自己的亲身经历和深切体会，给与会观众极大的触动。榜样就是力量，模范就是标杆。

颁奖仪式上，与会领导为青白江区2012年"中国好人"、"四川好人"、"成都好人"获得者和首届"道德模范·青白江好人"及提名奖获得者分别进行了颁奖。活动中，乡村学校和少年官的学生们为活动献上了精彩的国学经典诵读表演。

最后，活动在20名小学生的手语领唱、与会人员合唱《让世界充满爱》的歌声中圆满谢幕。

道德模范是在实现国家富强、民族振兴、人民幸福进程中涌现出的先进人物，在他们身上集中体现了中华民族的优秀品质，集中反映了引领时代前进方向的中国精神。此次"道德模范·青白江好人"访谈暨表彰活动是青白江区贯彻落实十八大精神、深入开展"实现伟大中国梦、建设美丽繁荣和谐四川"主题教育活动的一项重要举措。活动以评选表彰为契机，以道德模范感人事迹为鲜活教材，以"群众推荐、群众评议"的方式广泛发动群众积极参与，用群众身边的道德模范、"好人"树立起鲜明的价值导向，弘扬了社会主义核心价值观，帮助人们更深刻地领会了"中国梦"、"民族梦"、"个人梦"的精神实质和丰富内涵，增强了人们对中国富强梦、民族复兴梦、个人幸福梦的认知认同，同时也激励了青白江区广大干部群众立足本职岗位，学习道德模范，勤勉工作，为全面建成小康社会，建设美丽繁荣和谐四川，打造西部经济核心增长极，建设富裕文明和谐幸福青白江而努力奋斗。

为郫县科学发展快速发展建言献策

"实现伟大中国梦、建设美丽繁荣和谐四川"，郫县的突破点何在？动力何在？5月22日，四川省经济发展研究院院长王小刚研究员，四川省社科院副院长郭晓鸣研究员，原四川省政府参事、国家工信部中小企业咨询专家陈国先教授，成都市政府参事、原四川大学西部开发研究院副院长王益谦教授，成都市社科院副院长阎星，成都市经济发展研究院副院长李霞，成都设计院副院长潘振，七位专家学者莅临郫县，与郫县县委、政府领导和有关部门负责人聚集一堂，就郫县在更高起点上建设更加生态、更具品质、更为富庶的美丽郫县的新定位、新思路、新目标、新举措开展了"寻找郫县科学发展、快速发展新动力"的专家座谈。大家围绕郫县生态建设、生态优先战略，从不同角度、不同层面建言献策，碰撞出很多宝贵的金点子，力促郫县在重点领域和关键环节上实现新的突破。郫县县委书记苏鹏，县委副书记、县长刘霞参加了座谈会。

座谈会由刘霞主持。她代表县委、政府对专家们的到来表示感谢，对郫县县委工作会议精神作了简要的介绍，并希望各位领导和专家畅所欲言，就郫县如何最大限度地发挥资源优势、实现产城一体，如何规范发展、高效发展，如何坚持"四化"同步、加快推进新型城镇化，如何推进文化旅游发展等等问题，为郫县出谋划策。

专家学者们围绕寻找建设美丽郫县新动力、郫县生态环境建设、郫县生态文明推进和生态经济发展、郫县未来区域发展新思路等方面，进行论证与思辨，为郫县新一轮的发展理清了脉络，提出了很多宝贵的意见和建议。

苏鹏表示，郫县正处在发展的关键时期，未来如何发展，需要总结过去好的经验，理清过去发展中遇到的问题，更好地研究未来发展思路。对于专家学者提出的建议，郫县将进行细化，落到实处，努力使发展的"规划图"变成"施工图"。

5月17日下午，成都毛泽东诗词研究会第八组在商业街社区举办了以"大力张扬'中国梦'的诗词研讨赏析"为内容的学术沙龙活动。沙龙活动由学会第八组负责人崔理主持，中国毛泽东诗词研究会常务理事、成都毛泽东诗词研究会顾问、原常务副会长高云梧副研究员作主题发言。青羊区电视台对本次活动进行了现场采访录像，并在该台播放。《成都日报》社区版作了报道。

沙龙现场商业街社区文化活动中心多功能活动室四周挂满了诗词书法家和爱好者书写的毛泽东诗词及山水花鸟国画条幅，参会者都感受到浓浓的诗意。会前几天，社区网站发出此次活动的海报。参加此次沙龙活动的人数近50位，座无虚席。参加者除本组会员外，还有社区工作的骨干成员和社区银杏文化俱乐部的成员。社区党委书记张文，主任叶竹，成都毛泽东诗词研究会常务副会长和副会长佘崇文、魏泉如、龙树准、蔡畅德到会并作了发言。他们一致认为，国家富强、民族复兴、人民幸福是每个中国人的梦想，要认真地、不断地在社区搞好学习教育实践活动，努力建设文明社区需要从一点一滴做起，开展这样的沙龙活动很有现实意义。

沙龙活动既突出主题发言，又注重互动，并且开展文艺秀。在两小时多的时间内，主题发言近一小时。内容从两个部分展开，第一，从习近平总书记参观"复兴

之路"展览时，引用了毛泽东和李白的诗句"雄关漫道真如铁""人间正道是沧桑""长风破浪会有时"时，畅谈了"中国梦"。对此，发言者谈自己的学习体会，并与到会者互动交流，一是解读三句诗的出处与原意，感悟习总书记对前人诗句在新的历史条下灵活运用以及新解；二是简析政坛名人"以诗达政"的领导行为，感悟习总书记以诗言"梦"，诗化社会理想，彰显出的巨大的社会影响力。第二，着重阐述毛泽东诗词是中华诗词从传统走向现代的典范，具有鲜明的时代性、哲理性、人民

以诗词张扬"中国梦"

性等思想和艺术特征，一直受到中外有识之士的肯定与赞美。毛泽东诗词文化具有跨越时空的历史穿透力，其精神魅力具有永恒价值，老一辈无产阶级革命家诗词是我们今天搞好中国特色社会主义现代化建设的精神动力。作为诗词组织中的成员，要在弘扬毛泽东诗词诗词文化中尽绵薄之力。

　　与会者各抒己见，进行了热烈的讨论。主持人接着朗诵毛泽东诗词，现场开始了形式多样的诗词创作和艺术表演活动。毛研会的会员先后以女声独唱、黑管演奏、男声

朗诵等形式，展现毛泽东的《忆秦娥·娄山关》《七律·人民解放军占领南京》和李白的《行路难》。爱好诗词的与会者们，望着四壁悬挂的诗词书法，情不自禁地走到会场中央，放歌《七律·长征》《清平乐·六盘山》。书法爱好者、国学爱好者、迷语爱好者、舞蹈爱好者、清唱爱好者都上场了，个个即兴展示才艺。承办此次学术沙龙活动工作的汪昭向大家表示，作为诗词组织中年轻的成员，要在今后社区开展的文化活动中多多出力。下午近5时，诗词文化赏析会在欢乐祥和的气氛中结束。

十八大精神宣讲团走进新军街社区

4月8日，成都市委宣讲团第八分团来到新都区新军街社区，为当地村民开展"走基层"宣讲报告会。宣讲会上，分团长、市农委党组成员、机关党委书记汪超英，成都电大科研处处长、副教授程兰，区委宣传部理论科科长、讲师乐惠蓉三位宣讲老师分别从党的十八大主要精神、生态文明建设和道德建设等方面，结合生动的事例，深入细致地对党的十八大精神进行了阐释。现场向群众发放了《党的十八大精神普及读本》。宣讲团成员还就群众关心的生态环境、食品安全等热点问题进行了现场解答，生动的解读赢得了与会群众的热烈掌声。

十八大精神宣讲团走进湖滨路社区

4月10日，成都市委宣讲团第八分团来到新都区湖滨路社区，为社区群众开展"走基层"宣讲报告会。宣讲会上，分团长、市农委党组成员、机关党委书记汪超英，成都电大科研处处长、副教授程兰，新都区委宣传部理论科科长、讲师乐惠蓉，三位宣讲老师分别从党的十八大主要精神、生态文明建设和道德建设等方面进行了阐释。在宣讲现场，前来参加听讲的群众非常踊跃，除了邀请来的100名群众以外，另有50多名群众自发前来听讲。分团长汪超英还现场回答了群众关于食品安全、计划生育等方面的问题。

十八大精神宣讲团走进新繁镇黄泥村

4月11日，成都市委宣讲团第八分团来到新繁镇黄泥村，为当地群众开展"走基层"宣讲报告会。宣讲会上，分团长、市农委党组成员、机关党委书记汪超英，成都电大科研处处长、副教授程兰，新都区委宣传部理论科科长、讲师乐惠蓉三位宣讲老师分别从党的十八大主要精神、生态文明建设和道德建设等方面进行了阐释。听了宣讲后，68岁的党员吕顺怀即兴发言说："党的十八大为农村发展勾画了美好前景，我对推动城乡发展一体化和实现农民增收充满了信心。作为一名老党员，我要和全村党员群众一起，把科学发展观贯彻到农业现代化建设全过程，推进农业农村经济又好又快发展。"

十八大精神宣讲团来到新繁镇青石村

4月12日，成都市委宣讲团第八分团来到新繁镇青石村，为当地群众开展党的十八大精神"走基层"宣讲报告会。宣讲会上，分团长、市农委党组成员、机关党委书记汪超英，成都电大科研处处长、副教授程兰，区委宣传部理论科科长、讲师乐惠蓉分别从党的十八大主要精神、农业农村工作、生态文明建设和道德建设等方面进行了讲解。大家纷纷表示，市委宣讲团深入基层开展宣讲活动，是一次难得的学习机会，要把科学发展观贯彻到农业现代化建设全过程、体现到党的建设各方面，推进农业农村经济又好又快发展。

中国梦·民族梦·个人梦

5月21日，青白江区委宣传部、区社科联在区委一楼政法委会议室召开了"中国梦·民族梦·个人梦"主题宣讲动员会，就组建青白江区委宣讲团、乡镇（街道）宣讲小分队开展宣讲活动进行安排部署，区委办、区委组织部、区委宣传部、区文明办、区委党校、区文体广新局、区社科联相关领导和宣讲团成员以及各乡镇（街道）分管领导参加了会议。会上，区委宣传部就组建区委宣讲团开展宣讲活动的目的和意义、宣讲团构成、宣讲时间及地点、宣讲要求等相关事宜进行了部署，与会人员就人员组织、会场布置、现场测试等事宜进行了讨论。宣讲团就宣讲活动的要求达成四点共识：一是宣讲口径要一致。各宣讲分团要严格按照区委宣讲团的统一要求，站在政治和全局的高度，制作统一的课件，达到宣传内容一致。二是组织保障有力度。在任务重、时间紧的情况下，各单位要各司其职，精心组织，扎实推进，确保宣讲达到实效。三是协调联络要到位。各分团联络员要提前做好宣讲工作的沟通衔接，做到事前主动沟通，事中及时交流，事后及时反馈。四是媒体宣传有成效。区新闻中心要组织记者加强媒体宣传报道，及时宣传各单位在加强"中国梦·民族梦·个人梦"主题宣讲过程中的新举措、新进展、新成效等，在全区掀起学习热潮。本次宣讲活动是青白江区开展"实现伟大中国梦、建设美丽繁荣和谐四川"主题教育系列活动之一。6月上旬，4个宣讲分团及各乡镇（街道）宣讲小分队将通过讲座、院坝座谈、沙龙活动、故事演讲会、民主生活会等形式在全区进行全覆盖宣讲。

新都区新民镇举办葡萄酒品鉴文化交流沙龙研讨会

新之果、民之享。7月26日，新民镇滨江葡萄园内举办"葡萄酒品鉴文化交流沙龙研讨会"。自酿的葡萄酒不仅吸引了众多的游客，也吸引了区域内外的专家学者的目光，专家们调研了"百里中轴商居福地，统筹城乡示范街镇"新民的全新面貌。专家们品鉴了葡萄酒，品尝了葡萄，对新民镇今后的发展提出了意见和建议。

专家们认为，从新民葡萄节透视了新民城乡统筹变化。一是完善基础设施建设，城乡面貌大改观。二是通过土地整理，创造整洁美丽新家园。三是通过城乡环

境综合治理，生活环境更加靓丽。四是夯实农业生态本底，开展特色产业探索。五是加强村级公共服务体系建设，提升村民生活品质。今后的新民，将越来越富裕，人民的生活将越来越美好。

成都著名媒体人、文化产业策划人郑颖：新民葡萄园已经初具规模，具备进一步开发的潜质。新民葡萄发展应该与优秀的生态环境相契合，在发展葡萄产业的同时，在葡萄酒、葡萄酒庄上下功夫。我给新民镇滨江葡萄园取名为"葡乐旺斯"，取葡萄胜地普罗旺斯谐音，取葡萄生长旺盛、人民快乐，生于斯、长于斯之意。

新民镇副镇长田国伟：近年来，新民镇先后完成成德大道连接线建设、新改建镇村道路，改变了境内道路破烂、坑洼的面貌；对老旧场镇也进行了改造，同时加强城乡统筹，让乡村更加靓丽。葡萄节的举办，新民向来自八方的游客们展示了"百里中轴商居福地，统筹城乡示范街镇"新民的全新面貌。新民现种植葡萄树上千亩，年产500吨，其中著名的贵妃葡萄占总产量的80%以上。新民葡萄正处于成熟期，采摘季将持续至10月初。广大游客可以到新民做客，认识新民、体验新民、享受新民。

新民镇滨江葡萄园负责人黄本安：此次葡萄酒品鉴活动是首届中国新都（新民）葡萄采摘季的系列活动之一，滨江葡萄园拿出自酿的贵妃葡萄酒供游客品尝。要酿好自制的葡萄酒到底有什么秘诀呢？10斤葡萄、2斤冰糖、1斤白糖，按照比例

来调制葡萄酒，这样口感才最好。新鲜贵妃葡萄在经过摘、洗、晾干、发酵、滤净、密封等程序后，1年时间才能酿成贵妃玫瑰葡萄酒。首届中国新都（新民）葡萄采摘季启动后，每天有1500名游客前来采摘葡萄，金手指、美人指、黑珍珠、香妃等品种一应俱全，都是有机转换产品。

新都区社科联秘书长乐惠蓉：我给新民镇滨江葡萄园取的名字是"友嘉果园"，因为这里栽培了一种非常奇异的果子——嘉宝果，口感独特，富有营养价值。今年夏天，葡萄采摘季彻底让新民火了一把。从四面八方赶来的游客也纷纷体会到了新民老禾登场的新变化。新民境内路网配套，交通区位优势明显。镇域沟渠纵横、林网密布、植被茂盛，生态优势明显，具有发展都市现代农业、休闲农业和乡村旅游业的良好条件。2010年以来，新民镇以民生建设为核心，以推动和谐社会建设为目标，通过强化基础设施建设，实施农村土地综合整治、实施城乡环境综合治理、着力产业培育、加强公共服务和社会管理等城乡统筹措施，促进了经济、社会的全面发展，城乡面貌明显改观。

新都区文物管理所研究员张德全：新都是古蜀国名都，经济发达，文化繁荣，出土有举世闻名的汉代说唱俑和画像砖文物雕塑精品等，多次被送到世界各地展览，在中国文物中占有重要的地位，被誉为"汉砖之乡"。桂湖新都博物馆珍藏的许多文物，其中新民出土的汉代画像砖堪称国宝。1987年，全国第二次文物普查走进新民，在那里发现了一些珍贵的纪年砖、画像砖。后来，我经过认真研究考证，撰写了学术论文《新都县发现汉代纪年砖画像砖墓》，发表在《四川文物》，北京大学汉画研究所《全国汉画文献库》、中国汉画学会《汉画学术文集》等收录了有关资料。从此，新都新民的珍贵文物走进了中华民族文化遗产的宝库。

新都区文联秘书长骆恒：我是新民本地人，我认为新民越变越新，现在这里的环境更好了，房子漂亮，空气清新，生活方便。通过配套设施的完善、管理机制创新、养殖污染治理、风貌建设、景观打造、绿化示范工程、水环境工程治理和绿道建设、生态渠建设等专项工作，干净优美的城乡环境呈现在大家眼前。目前，新民还充分利用农业镇及清白江的生态优势、环境优势、交通区位优势以及创建养老模范乡镇的机会，在北部商城基地、商居田园小镇上做文章，积极放大生态优势，努力开展养老产业的探索培育，完善规划，香城养老中心已经启动建设。这不仅是我的个人梦，也是新民镇全体人民的梦，我们现在的生活真的很幸福！

深入社区开展对接　扎实推进主题教育活动

　　5月30日，成都市中共党史学会组织会员14人深入到成都市金牛区抚琴街道西北社区开展"中国梦"主题教育学习活动。会员们听取了西北社区党委书记陈勇介绍关于该社区的先进事迹，听取了他们在创建　"全市十佳明星社区"实践中的做法和经验。在全面深入地了解了西北社区党的建设、维稳工作以及主题教育活动开展情况后，会员们一致认为，要向工作在社区第一线的优秀共产党员学习，结合主题教育活动，坚持立足本职工作，从党史工作实际出发，认真做好各项工作，提高工作质量，为"实现伟大中国梦、建设美丽繁荣和谐四川"做出应有的贡献。学会还向社区赠送了党史书籍20余卷本。

8月7日，新都区文明办、区社科联、区作家协会举办《第二届"道德模范·新都好人"事迹纪实》创作编写沙龙研讨会。新都区文明办负责人、区摄影协会负责人和13位本土作家参加研讨会。会上，区文明办负责人对第二届"道德模范·新都好人"的事迹进行了总结回顾，向作家们分配了采写任务，并提出了写作要求。作家们表示，将深入好人的工作单位和家庭进行采访，真实生动地描写好人事迹、弘扬好人精神，传承道德力量。据悉，《新都好人——第二届"道德模范·新都好人"事迹纪实》一书计划收录27个好人故事，该书将在2013年底出版。

弘扬好人精神　传承道德力量

区文明办主任李贞国说，1月21日晚，新都区第二届"道德模范·新都好人"揭晓晚会在黄桷树广场隆重举行。晚会以"大美香城榜样故事"为主题，通过对新都好人精神的褒奖与颂扬，向社会传递正能量。第二届"道德模范·新都好人"全部是由新都区各镇（街道）、各部门及社会公众推荐出的"新都好人"中产生，整个评选过程历时半年之久，得到了社会各界的广泛关注，民众积极参与，70多万新都市民以邮寄选票、电话投票、网络投票等方式参与评选，传递新都好人的榜样力量。

区作家协会主席曾元孝表示，协会将组织作家深入好人的工作单位和家庭采访，以本土作家独特的视角和细腻温婉的笔触，描写新都好人生动感人的故事，抓住好人的内心世界和细节，打动读者的心灵，让好人精神得以传承和延续，推进公民道德教育。

区作家协会副主席邱羽说，温暖、感动、泪水、掌声，这些词汇串联成了"道德模范·新都好人"揭晓晚会现场的主旋律。传递社会正能量，用爱心温暖彼此的心房，是新都区评选"好人"的意义，同时也是借用"新都"的精神为建设"六个新都"的魅力之城注入爱的能量。

区文明办工作人员郑巧认为，为弘扬市民身边好人的高尚品德，有效推动社会主义核心价值体系和公民道德建设，新都区在"我推荐、我评议身边好人"活动中，结合实际，在全区广泛开展了市民参与面广、影响面大、效果明显的"道德模范·新都好人"发掘推荐和评选表彰宣传活动，受到了市民的广泛关注。新都区文明办按照区委常委会关于把"道德模范·新都好人"评选表彰活动与广大市民学习实践活动相结合的要求，对全区各镇（街道）、部门做好身边好人的发掘推荐工作进行了周密安排部署，提出了明确要求。为使广大市民积极参与到身边好人好事的推荐活动中来，新都区文明办制定了社会公众推荐身边好人好事奖励办法。并通过区内媒体新都电视台、《新都资讯》、《香城新都网》多次登载社会公众推荐身边好人好事的途径和办法。扎实有效的安排部署和市民的广泛参与，确保了"我推荐、我评议身边好人"活动在新都全区的有效开展，通过各种途径推荐出的好人好事共计100余人

（件）。在好人好事发掘推荐过程中，新都区内媒体通过设立专题和专栏的形式对有一定感染力、影响力的好人好事进行了专题宣传报道。

区社科联秘书长乐惠蓉说，我是第二届"道德模范·新都好人"的市民评审观察员，在评审观察过程中，我先后走访了向方华、安光富夫妇，杨贵兰、王从光、梁伟清等好人，在采访的同时我被深深地感动了。按照"群众评、评群众"的指导思想，新都区成立了由人大代表、政协委员、新闻工作者、市民代表、社区（村）基层干部代表、第一届"道德模范·新都好人"代表等组成的好人事迹调查核实市民评审观察员队伍，在对推荐出的好人好事进行现场调查了解核实的基础上，确定出新都区第二届"道德模范·新都好人"的候选人。在评选投票活动中，按照"公平、公正、公开"的原则，发动全区广大市民通过电话投票、纸质投票、网络投票三种方式积极参与投票活动。2012年新都区评选出了10名"道德模范·新都好人"和10名"道德模范·新都好人"提名奖。为了让好人精神传承下来，区文明办、区文联和区作家协会将于2013年底前编写完成《新都好人——第二届"道德模范·新都好人"事迹纪实》一书。

金堂县"四化同步"实践与探索

为深入贯彻党的十八大精神，落实四川省委、成都市委决策部署，金堂县以实施"三区建设"引领"四化同步"发展，坚持走中国特色新型工业化、信息化、城镇化、农业现代化的崭新之路，进一步厘清金堂县"四化同步"发展现状，研究发展新举措，8月14日上午，金堂县社科联举办了"四化同步"实践与探索学术沙龙活动。县委宣传部、县发改局、县经信局、县统筹委、县农发局、县文明办等相关单位人员参加此次学术沙龙活动，县社科联负责人史国忠主持此次沙龙活动。

史国忠指出，推进"四化同步"是金堂县加快实现现代化的重要动力，对于确保金堂县在全省丘陵地区率先与成都同步建成全面小康社会具有重大现实意义。近来年，金堂县狠抓成都工业战略前沿区建设，重点打造全国一流的节能环保产业基地，通过做大做强工业来增强县域经济发展后劲，并带动现代服务业加快发展。金堂县作为成都三圈层城市，城市化发展还处于较低水平，在新型城镇化建设方面还要进一步提升产城相融水平，加快成片推进新农村建设步伐。作为成都市的人口大县和农业大县，农业长期处于特殊的地位，但是随着时代的进步，传统农业已经不能适应科技的发展，因此大力发展现代农业，提升农产品的科技含量和附加值，是农业发展的必由之路。当前，金堂县实施的"一镇一园区"、"一村一品"建设、农

产品精深加工园区建设、农产品公共品牌"田岭涧"建设，对于抓好特色主导农业产业培育、加大农业招商引资等现代农业发展做了积极尝试。总之，金堂县通过"三区建设"，积极探索工业化、信息化、城镇化、农业现代化同步发展的新路子。

金堂县经信局同志谈到工业化与信息化发展时指出，"新型工业化"就是指坚持以信息化带动工业化，以工业化促进信息化，简单地说就是科技含量高、经济效益好、资源消耗低、环境污染少、人力资源优势得到充分发挥的工业化。金堂县在实施工业化、信息化的过程中，要突出以节能环保装备制造为主的产业集群发展，针对节能环保装备制造的龙头企业和核心项目，实施补链、强链、扩链招商，着力打造"东有宜兴、西有金堂"的中国西部节能环保装备制造基地。着力加快信息化与工业化深度融合，大力发展信息服务业，充分发挥信息化的渗透、催化、助推和倍增作用，利用信息技术带动传统产业转型升级，提高发展速度、质量和效益。

金堂县委统筹委同志在谈到推进新型城镇化建设时认为，金堂作为成都市三圈层城市，城市基础设施建设较为薄弱，加大城镇基础设施投入和建设，是推进新型城镇化首先要解决的问题。同时，金堂县正在奋力建设成都工业战略前沿区，重在打造现代化的产业新城，因此，做好城市规划，突出产城一体，就显得尤为重要。坚持走"四化同步"发展，就是找到工业化、信息化、城镇化、农业现代化的高度融合点，在此基础上推进四化同步发展。

金堂县农发局同志就发展农业现代化提出了思路：一是要依托科技，促进农业增长方式转变。依托科技，使农业增长方式由传统的依靠资金、人力投入转变为依靠科技投入。金堂县作为全省唯一的经济作物产业示范基地县，与省农科院、川农大、市农林科学院等院校建立了长期、密切的合作机制，取得了多项科研成果，培训了一批骨干人才，构建了完善的科技推广体系，为金堂推动现代农业科技进步奠定了坚实基础。二是要做优农产品精深加工，促进农业产业效益倍增。农产品精深加工历来是农业产业链上科技含量、产品附加值最高，示范带动能力最强的环节，有力地促进农业产业效益倍增。三是要推动产业适度规模经营。近年来，金堂县努力探索实践"大中小集中"、土地股份合作等新机制，分类推动土地适度规模经营。

本次沙龙研讨会上，金堂县委宣传部、县发改局、县文明办等相关部门也就坚持走"四化同步"的科学发展之路提出了见解。

9月10日下午，由成都市社科联主办的成都市社科联学会工作调研活动在中科院成都分院开展，成都市卫生经济学会、成都市家教促进会、成都市翻译协会、成都市易学研究会、成都市党史研究会、成都市毛泽东诗词研究会、成都市薛涛研究会和成都市国防教育学会8个学会参加了此次调研活动。调研活动由成都市社科联王苹副主席主持，市社科联学会部副主任李敏参加调研会。调研主要针对近年各学会的工作内容、职能设置、学会活动开展等情况进行汇报，以及对日常管理工作、活动开展过程中遇到的困难和问题进行反馈，同时希望各学会为开展科学、文明、和谐的社科工作提出意见和建议。

成都市易学研究会刘宗炎会长首先发言，他谈到近年来易学研究会在新媒体的大环境下，利用微博、微信和网站来进行学会工作内容的发布。除此之外，学会还定期召开例会，并一年进行一次工作总结，把总结的内容形成资料进行汇总，便于以后的工作交流。成都市薛涛研究会汪辉秀秘书长对本会宗旨、业务范围、会员以及经费管理等

加强学会交流　争创一流学会

作了详细的介绍。市毛泽东诗词研究会顾问龙树准介绍，该学会主要通过研讨会、诗词大奖赛和出版诗集等方式进行品牌的打造，在继承毛泽东诗词思想艺术成就的基础上，走发展现代诗词之路，以民族化、时代化和人民化的诗歌方式吸引更多年轻人的加入。市党史研究会秘书长邵蓉莉女士指出，科普发展应注重党史文化建设，根据需求合理地开展相关工作模式，定期举办学术沙龙。

市翻译协会秘书长孙光成对协会工作内容、业务开展、翻译教育、英语进社区等取得的成绩做了汇报。在2012~2013年里，协会重点为"成都全球财富论坛"提供服务，为论坛组织培训翻译志愿者；编辑《成都市民学英语100句》；对全市的街道、景点、机场、车站等多语标识、标牌进行全面普查、纠错、重设；为论坛翻译会刊、文件资料等。今后会更加积极地开展丰富多彩的科普活动，充分体现群众性、社会性，发挥团体优势，依靠社会，服务社会，进一步完善翻译行业的组织网络，加强专兼职志愿队伍的建设，以带动全面的多语行业的发展。

市家教促进会秘书长周晓波指出，教育是由教师、学生和家长三方面合作进行的，而其中家长又是薄弱环节，今年来学会通过与广播电台合作、办专题节目、组织俱乐部开展活动、举办街道心理健康讲座和编辑出版图书《家长的智慧》等方式来传播家庭知识。今后家教促进会的任务有两个：一是积极推选"中国家庭教育百名公益人物"；二是沟通协调各部门开展"百万家长网上行"活动。市卫生经济学会胡晓谈到该学会依托医学会、中西医联合会等协会，通过"以会养会"的方式来开展工作，通过沙龙、讲座、科普等活动来促进协会间的交流和帮助。市国防教育学会副会长仁谦介绍，近年来学会组织讲师团下基层开展国防、人防知识教育活动共26场，2万多人次参加。下半年学会主要是围绕出版《铁证》一书和在人民公园设立"抗战纪念碑"两个大的工作进行，《铁证》一书花费了两年时间，共记录了34篇60名在日本侵略期间受害者的真实故事，并以第一人称的方式进行讲述，目前该书已经在审稿、编排之中，很快就会出版。

各学会负责人还从开展交流会、经费管理、加强社团管理能力的业务培训和加强服务工作等方面提出了自己的建议。市社科联王苹副主席对各学会近期开展的工作进行了肯定，并做了总结。首先，目前社科联正在计划培训方案，希望能够为各基层组织提供更多的培训及学习的机会，学习各地社科联好的工作经验，朝着学术年会方向去发展；其次，沙龙活动要坚持开展下去，但对主题的选择要把好关，注意舆论导向，此外还要对沙龙活动做出调整，以"不求数量，但求质量"为标准，争取打造成一个品牌；最后，也希望各学会之间，社科联与学会之间能够相互支持、进行沟通，共创美好的社团学术交流氛围。

城市精神是一座城市的灵魂。9月26日，金堂县委组织部、县委宣传部、县社科联举办了"金堂城市精神"讨论学术沙龙活动，邀请了县级相关部门负责人，县人大、县政协相关人员及社区代表等。与会者围绕广泛征集的金堂城市精神"诚信、务实、创新、开放"展开讨论。有同志指出，金堂全县人民正在凝心聚力书写实现伟大中国梦金堂实践新篇章，为进一步激发全县人民热爱家乡，建设"天府水城"的热情和智慧，用城市精神来凝聚和激励人民非常必要。有同志认为，"诚信、务实、创新、开放"作为金堂城市精神非常精确，凝聚着金堂这座城市的思想灵魂，代表着金堂人民的精神追求，引领着金堂的未来发展。大家还从金堂地域文化、历史传统、时代特征和发展定位等多方面谈了看法。最后，县委常委、宣传部长付敏指出，"城市精神"提出来只是一个新的起点，还需要进一步培育、传播，最终将这种精神注入到实际行动中。

金堂县开展城市精神讨论学术沙龙

新都区举办文艺创作研讨会

9月17日，新都香城俱乐部、新都区社区文化发展中心在四川电视台宝光宾馆举办"抓发展、惠民生、促和谐——升华主题教育系列活动之五——文艺创作研讨会"学术沙龙活动。参加此次研讨会的有新都区香城俱乐部和社区文化发展中心骨干、企业界代表、新闻媒体记者等共300余人。研讨会历时一天，文艺骨干们对如何进一步做好新都区文化工作、推进社会和谐发展进行了讨论。当晚，全体与会者一起参与了"迎国庆庆中秋做好梦"文艺演出，节目丰富多彩，包括现场书法、青城派大师赠画、歌舞表演、川剧绝技、小品等表演形式。明月揽中秋、温馨在心怀。活动现场观众热情高涨，气氛和谐。

健康社会心态的培育

9月27日，成都市社科联、成都日报、成都市委党校主办的题为"健康社会心态的培育"的学术沙龙活动在成都市委党校举办，参加沙龙活动的有来自成都市纪委、经信委、检察院、环保局、机关事务管理局、区（市）县相关单位的领导干部及学者共30余人。

2006年党的十六届六中全会通过《中共中央关于构建社会主义和谐社会若干重大问题的决定》首次提出："注重人文关怀和心理疏导，塑造自尊自信、理性平和、积极向上的社会心态。"2012年党的十八大报告再次提出："加强和改进思想政治工作，注重人文关怀和心理疏导，培育自尊自信、理性平和、积极向上的社会心态。"说明健康社会心态的培育日益受到党和国家的高度重视。

健康社会心态对国家、社会、个人都具有重要意义，关系到国家发展、社会进步、个人福祉的全面实现。我国目前正处在社会转型期、改革发展攻坚期，社会结构深刻变化，观点价值多元多样，矛盾冲突集中显现，出现了焦虑浮躁、抱怨冷漠、仇富仇官、群体性怨恨等不良社会心态。不良心态虽不是社会心态的主流，但对社会发展与改革进程产生抵触消解，对社会共识的凝聚形成阻断，也会伤及个人幸福生活，确实需要引起各级领导干部的高度关注并积极引导。本次学术沙龙活动，大家就转型期社会心态的现状、社会心态失衡的根源、不良社会情绪的疏导、健康社会心态培育的机制与路径等问题进行了深入的探讨。

成都市石化管委会副主任王廉平分析了当前在社会心态领域出现的一些问题，比如社会冷漠现象越来越突出，老人摔倒在地却无人搀扶，有人生病、受伤、车祸时无人救援，跳楼者引来看客围观起哄等等，这种见危甚至见死不救现象所折射出的冷漠心态让人心生寒意。冷漠症是陌生人社会的通病，在陌生人社会里，人们最关心的就是自己获得收入、权利和社会地位的效率，利他的道德传统被现代生活方式消解了，个体道德价值观念和践行能力都处于衰退状态。此外，这么多人选择冷漠也与一些社会上"救人者反被冤枉"的风气有关。利他行为的弱化不仅危及社会凝聚力和民族凝聚力，而且还损害社会的价值系统和评判机制。针对这些道德缺失的现象，最重要的是开展社会主义核心价值观的教育。从国家层面看，社会主义核心价值观倡导富强、民主、文明、和谐；从社会层面看，社会主义核心价值观倡导自由、平等、公正、法治；从公民个人层面看，社会主义核心价值观倡导爱国、敬业、诚信、友善。社会主义核心价值观是引领健康社会心态的强大武器，是形成全民族奋发向上的精神力量和团结和睦的精神纽带。如何开展社会主义核心价值观的教育，可以建立浓厚的文化环境，充分挖掘、梳理、借鉴优秀传统文化，以克服拜金主义、个人主义、享乐主义等思想意识的侵蚀。还可以寻找普通人为榜样，通过寻找"最美老师"、"最美乡村医生"等活动宣传普通人的优秀事迹，弘扬乐于助人、甘于奉献的精神等等。

成都市投促委办公室副主任张敏认为，健康社会心态的培育，需要个人加强修身养性和自我调适。社会是由每个人组成的，每个人都在影响着社会，社会不良心态的形成跟每个人都有关系。每个人都有责任创建健康心态的环境，都有责任培育周围人的健康心态，也有责任首先让自己保持健康心态。张敏通过讲述《水知道答案》中日本学者所做的实验，强调了心态的力量，心态会影响一个人的生理状态、行为的选择、能力的发挥，决定人生的命运。该书讲述了对几杯水所做的实验，当对水说一些关爱、赞扬的话时，水冰冻后形成的结晶是美丽动人的。但是如果对水诉说的是厌恶、消极的话语，水的结晶是杂乱无章的。因此，张敏认为，在社会管理中要注重经常性开展健康心态教育，使人们了解自己的心理结构，掌握自己的心理特点，有意识地调适自己不平衡的心态，保持与社会发展要求相适应的思维方式、价值取向、精神风貌、行为方式，促进自己的全面发展，追求自己的幸福生活。比如，在工作中如果想到的只有困难和沮丧，那么人的整个身体就会被沮丧填满，要试着给自己加油打气，暗示我今天一定可以圆满完成工作。在面对同事时，如果想到的只有猜疑、妒忌，那么工作一定不开心，出错的机率也会变大，试着用感恩、信任的正能量之心去面对每一位同事，收获的一定也是他们的微笑、宽容和更多的关心理解。

成都市经信委副处长沈江波认为，需要改善那些滋生不良心态的环境与条件，从完善体制机制入手引导民众形成健康心态。一是加强反腐倡廉和党风建设，这对于整个社会风气的好转，消除仇官、不信任等消极心态将发挥决定性的作用；二是完善民主权利保障制度，保障公民知情权、参与权、表达权等民主权利，在重大决策形成前要注重调查研究，各项决策要做到程序依法规范、过程民主公开，让民众知道政府在想什么、做什么，赢得民众的理解、支持、参与；三是健全社会保障体系和实现基本公共服务均等化，消除人们在养老、医疗、住房、就学等方面的后顾之忧，这对于缓解焦虑恐慌心态具有极重要的作用；四是深化收入分配制度改革，提高低收入群体的收入，有效调控过高收入，加快扭转收入差距扩大的趋势，逐步扩大中等收入者群体，这有利于缓解仇富心态；五是要提高政府应对群体性事件的能力，导致群众情绪不畅的主要原因是群众的利益受到损害，政府在一些重大、敏感公共事件发生时，一定要从群众利益出发，还要特别注意事件的传播可能引起的负面效应，改变过去"捂"、"瞒""堵"等工作方法，及时进行信息公开，把握舆论主动。

成都团市委办公室副主任谢谨的发言侧重于分析青年人的社会心态，认为，当前错综复杂的社会转型，引起部分青年在行为习惯、心理状态、思维方式、价值观念和生活态度等方面的消极变化，比如，一些青年不再认为生活具有什么意义，没理想，没信仰。受拜金主义的影响，一些青年以赚钱为目的，只向"钱"看，不顾职业道德与良心等。但是，更需要关注的是青年心态的积极变化，比如，青年的公共服务意识和志愿精神日益增长，社会参与意愿明显增强。政府应该顺应这一积极变化，创造条件，完善助人渠道，鼓励常态化、习惯化的志愿行为，吸引更多的青年在工作之余把剩余时间精力投入到社会救助、志愿服务、公益活动等社会公共生活之中。成都最近举办的华商论坛吸引了许多的青年志愿者，通过这些志愿活动，可以增强青年人的自尊自信，增加社会责任感，也能够获得对社会现实状况的深刻体验和感悟。

本次学术沙龙活动中，大家结合工作实际各抒己见，体现了不同岗位的同志对社会心态培育的不同视角，同时，也加深了对这个话题的理解，收获很大。大家一致认为，健康社会心态的培育和不良社会心态的消除是一项长期的社会系统工程，领导干部既要下决心，又要有信心和恒心，做到及时掌控社会热点，准确把握社情民意，科学引导社会运行，加快建成全面小康社会，提升百姓幸福指数。

新媒体环境中的沟通技巧

12月6日上午，由成都市社科联、中共成都市委党校和成都日报联合主办，市党校系统邓小平理论研究会承办的主题为"新媒体环境中的沟通技巧"的2013年成都社会科学年度论坛党校分论坛的精品学术沙龙活动在成都市委党校举行。学术沙龙邀请了成都市委宣传部、市检察院、市城管局、市档案局、市广播电视和新闻出版局、市工商局、市教育局、市旅游局，以及成华区、郫县、蒲江县、金堂县、彭州市、崇州市、都江堰市等相关单位的领导参加。沙龙就成都市领导干部应该如何在新媒体环境中与媒体沟通进行了讨论，研讨内容围绕如何认识当今变化纷繁的新媒体环境、新兴媒体的社会影响力，如何提高领导干部对于新媒体环境的认识，如何在当前媒体环境下与媒体进行有效沟通等问题展开。

一、媒体是政府与公众进行有效沟通的桥梁

政府的态度和行为都必须通过媒体才能让公众知晓，特别是危机事件发生时，公众往往更容易信任和依赖媒体。只有保障政府领导部门的知情权，才能保障事件得到及时有力的掌控；只有保障群众的知情权才能避免谣言的产生和恐慌的扩散，帮助民众积极配合政府采取措施，更快更好地减小负面事件带来的损害。因此，要进行有效沟通，政府掌握应对媒体的策略尤为重要。

二、要善待媒体

各级领导干部要树立起码的媒体意识，充分肯定媒体的作用和功能，坚持媒体无大小的原则。开展新闻活动时，原则上应对有意报道的所有媒体开放，不能因为媒体的影响力大小或规模大小而区别对待，要遵循媒体无小事的理念，不要因为是小媒体、小记者或小问题而放松警惕，而要客观地从新闻价值的角度进行深入分析，及时采取措施。同时，在与媒体打交道时，也要摈弃行政逻辑，对各种媒体都不轻视、不小视，真诚面对各类媒体，切实尊重媒体的监督权和话语权。

三、要善用媒体

各级领导干部都应遵从和把握新闻传播规律，充分利用媒体为我所用。政府部门必须学会运用各种媒体，及时发布有利信息，占领传播高地，让广大公众能在第一时间内了解事件发展的最新动态，从而获取公众的理解和支持。在这个过程中，政府应学会妥善应对媒体失实新闻。当出现媒体负面报道后，政府工作人员应立即采取行动，向发表文章的记者说明真实的情况，指出哪些报道与事实不符，向他们提出哪些需要更正。要与媒介进行深入的沟通，通过对问题的深入分析，提出解决的办法，让新闻媒介对错误的报道予以澄清，将正确的消息报道给公众，把事实真相解释清楚。

四、重视网络媒体的作用

随着网络的兴起和盛行，政府还应积极推广电子政务，完善网络公关。如今各国政府都非常重视电子政务的建设和发展，纷纷设立自己的门户网站来发布政务信息以及接受民众的反馈。特别是在危机事件发生后，政府可以根据网络媒介的特性，充分利用电子政府这一平台，开展网络公关，进行危机管理。

●服务社会●

望通过"APEC·未来之声"增加青年学子们与亚太区政商界人士的交流对话，以加深其对祖国外交事业的了解的愿望。之后杜龙碧女士代表工作委员会介绍活动的具体安排。"APEC·未来之声"报名时间从3月17日开始，至3月31日结束，参赛对象面向18~25岁四川、西藏、云南、重庆在校学生、研究生、博士生及25岁以下校外优秀青年。大赛分为四个组别，即高中高职专科类组、本科组、硕博组以及社会组。王向东教授代表专家评委组做主题发言，阐述了竞赛标准。江丽容教授则传达了北京方面的会议精神。而Mark Mcleod先生的发言也相当精彩，表达了世界对成都的理解，国际友人都惊叹于成都这十年来发生的翻天覆地的变化。最后，各大媒体就参赛规模、参赛对象以及大赛意义等方面一一提问。此次新闻发布会在热烈的气氛中结束。

"APEC·未来之声"

　　3月17日，由成都翻译协会主办，四川西部文献编译研究中心、成都翻译协会科技翻译专委会、成都语言家翻译社等单位协办的"2013APEC·未来之声"四川、重庆、云南、西藏赛区启动新闻发布会于成都贝森公馆召开。四川西部文献编译研究中心主任、成都翻译协会常务副会长兼秘书长孙光成教授，成都翻译协会副秘书长王向东教授，APEC组委会秘书长杜龙碧女士，成都翻译协会常务理事部兼培训部主任江丽容教授，外籍顾问Mark Mcleod先生以及四川电视台、成都电视台、四川日报、华西都市报、腾讯网等众多媒体悉数到会并作了报道。发布会上，孙光成教授以饱满的热情讲解了"机遇实现梦想，实践创造未来"的活动主题，表达了希

"两化"互动中的农村妇女发展

由成都市妇女理论研究会主办的"城镇化、工业化'两化'互动中的农村妇女发展研讨会"3月21日在成都举行。出席本次研讨会的人员来自成都市妇联及下辖区（市）县妇联、成都市社科院、市委政研室、市委党校、四川大学、成都大学等高校、科研单位和社会组织，30余人。研讨会由成都市社科院社会学所王健所长主持。

会上，四川省社科院社会学所张雪梅博士和爱达迅社工中心项目官员李明丽分别作了主题为"2012年留守妇女和留守儿童全省调研"及"社会组织参与留守妇女工作的实践"的报告。报告中分析，2012年全省留守妇女总数已达580万，随着四川省劳动力转移出现的新趋势，即省内劳动力转移数量已超过省外劳动力转移数量，留守妇女和留守儿童进城探亲、就学、就医、居留等需求也会发生改变，这对城乡统筹发展的就业、交通、医疗、教育、住房等都带来了新的要求。社会组织在社会变迁过程中如何参与，为特定群体提供有效的社会服务，成为会上讨论的热点。随后，市妇联巡视员向群为大家介绍了成都市二、三圈层留守妇女特点和目前工作开展的情况。随着成都市城市化率的逐步提高，农村妇女流向城市打工的数量越来越多，目前成都市流动妇女数量已达260万。进城务工单身女性未来面临着更大的问题。王健所长就上述发言作了精彩的点评，并将随后的讨论引导到如何开展妇研会研究工作上。与会人员纷纷发言，特别就社会组织如何参与妇女发展进行了热烈讨论。会上大家就2013年妇研会调研主题达成共识，确定在"天府新区妇女发展"和"城市流动妇女发展"两个主题上加大调研力度，力争做好为成都市妇女发展建言献策的工作。

龙泉驿区社科联举办汽车百年科普宣传月活动

汽车改变生活，这是工业革命缩短时空距离、畅通相互交流的最好宣言。当今社会，汽车与人们的生活联系更加紧密，汽车已经成为寻常百姓越来越必备的基本工具。汽车拥有灿烂的过去、迷人的今天和令人憧憬的未来。

3月12日，正值第27届中国·成都国际桃花节开幕之际，龙泉驿区社科联"汽车百年"科普宣传月巡回展第一站也在龙泉山泉"桃花故里"拉开帷幕。活动由中共成都市龙泉驿区委宣传部、龙泉驿区社科联联合主办。

科普宣传展生动展示了汽车发展的过去、现在和未来，生动展示了世界汽车、中国汽车、龙泉汽车，脉络清晰，图文并茂，带着人们一起见证汽车发展的历史，与大家一同分享汽车给人们带来的活力和快乐。

目前，龙泉驿区正在建设"世界级汽车产业城、国际化生活品质城"，汽车将会给我们带来更大的机遇、更多的财富和更美的愿景。龙泉作为首位城市的先进制造

业板块、成都汽车产业综合功能区和全省千亿产业园，是四川省和成都市确定的以汽车（工程机械）整车及关键零部件为主导的先进制造业基地。按照四川省、成都市关于集中发展以汽车及工程机械为主导产业的发展定位，成都经开区不断优化产业结构，加大百亿企业集群培育，全力推进成都国际汽车城建设步伐。

目前，成都经开区内已经聚集了一汽大众、一汽丰田、吉利高原、沃尔沃、川汽集团、一汽商用、一汽专汽、一汽新能源客车、瑞华特、大运汽车等汽车整车以及富维江森、宁波华翔、一汽大众EA211发动机、德国汉高、博世底盘、中国兵装汽配园、一汽铸造等120多家重大配套项目，形成了"十车七机"整车（机）生产和核心关键零部件配套链群，呈现出了集中集群集约发展的强劲势头。成都汽车产业研究院、银河汽车总部港、九峰汽贸城等高端项目快速发展。汽车制造、汽车配套、汽车贸易三大千亿产业三翼并进，"南造、北贸、东娱"三位一体互动推进。

2012年沃尔沃、一汽客车建成投产，一汽大众三期、大运汽车加快建设，整车（机）产量37.5万辆，汽车产业主营业务收入1005亿元，汽车产量和销售收入分别占全省70%、71%，成为"拉动全省汽车产业增长的主要引擎"。2013年目标整车产量突破60万辆，力争实现整车主营业务收入752亿元。2013年3月1日，578辆"龙泉造"吉利SUV出口到中东伊朗、阿曼、科威特、沙特阿拉伯等国，这是迄今四川单批量出口汽车最多的一次。预计今年"龙泉造"SUV出口量1.2万余辆，力争达到2万辆。2020年力争整车产量达到125万辆，整车销售收入2500亿元，汽车主导产业销售收入达到9000亿元，形成"百亿企业集群"、"千亿产业支柱"和"万亿产业基地"。

龙泉最终将建成中国重要的轿车产业基地、新能源汽车产业基地、汽车电子产业基地、汽车服务业基地，进入国际汽车产业集群高端行列，最终建成世界知名、中国一流的成都国际汽车城和成渝经济区的重要增长极核。

此次汽车百年科普宣传月巡回展还在区政府办公区、利民社区社科普及基地、区政务服务中心、东山国际社区等单位展出，活动丰富了广大老百姓的业余生活，充实了人民群众对汽车发展的深度认识，有效地扩大了汽车龙泉的形象宣传。据不完全统计，仅桃花节期间参观展出观众超10万人。

新都区社科联开展儿童自闭症调研

自2008年，联合国将每年的4月2日定为"世界自闭症日"，"自闭症"这种被称为"精神癌症"的疾病开始逐渐为人知晓。自闭症儿童作为一个弱势群体，很难有人体会到他们成长道路的艰辛。

4月2日，是第六个"世界自闭症日"，由新都区残联、新都区社会办共同主办，成都小星星儿童心理康复中心承办的"关爱自闭症儿童倡导行动"在新都黄桷树广场温暖展开，此次活动意在倡导社会了解并接纳自闭症儿童。主办方通过现场宣讲自闭症儿童相关知识、展出小星星儿童作品、以及组织市民进行现场签名的形式，呼吁社会大众关注自闭症儿童，为自闭症儿童营造一个良好健康的成长环境。活动现场吸引了不少市民驻足观展。

据成都小星星儿童心理康复中心负责人介绍，小星星成立于2005年，是一家非盈利民营机构。多年来，在各级领导的关怀和指导下，致力于对自闭儿童提供心理健康辅导和综合性康复训练。小星星本着真诚团结、互敬互学、专业服务、注重实效的理念，努力帮助社会弱势群体——自闭症儿童康复，还他们一个金色童年。

区社科联前往活动现场专题调研。通过调研，区社科联将根据个案，依托公益组织和群团组织，有针对性地开展系列公益活动，撰写调研文章，提升公众对自闭症儿童的认知，倡导尊重、接纳自闭症人士，推动改善自闭症儿童的教育环境。

区作家协会作家白兰华创作了《自闭，不是我的错——写给自闭症儿童》诗歌。

邛茶产业的开发和利用

为推动临济镇邛茶产业的发展，邛崃市社科联于5月16日组织开展了临济邛茶产业发展学术沙龙活动，邀请了邛崃文化界知名人士参加。大家围绕"临济镇邛茶产业如何发展"这一主题纷纷发表自己的见解和看法，提出相关意见和建议，为推进临济邛茶产业、茶文化的发展出谋献策。沙龙活动由邛崃市社科联副主席魏东主持。邛崃文化界知名人士畅所欲言，气氛热烈，纷纷结合临济镇的实际，提出了许多有益建议和意见。

首先，临济镇镇长曹继锦介绍了基本情况。临济镇地处邛崃南路，与雅安比邻，有着丰富的资源、良好的生态、特殊的区位和产业。临济镇有着丰富的茶叶资源，全镇种植茶叶面积达到了2万亩，是邛崃最大的茶叶种植镇，其中今年新推出了3000亩的龙井品种茶基地，同时还准备将茶叶种植面积扩大到4万亩，为更好地适应即将建成的应急产业园和临济未来的发展打下坚实的基础。临济镇还按照邛崃市委"363"工程的要求，突出农业示范线工作重点，抓好本镇基础产业茶叶的生产、加工、出口等，积极地围绕点、线、面来发展本镇的经济、文化等。

邛崃文化界知名人士阎大树老师认为，到了临济感慨很多，以前的临济可以用穷乡僻壤来形容，而现在的临济已经发生了翻天覆地的变化。临济要在全市24个镇乡中如何展现自己？首先，要发挥临济自身的产业优势，临济的土壤和自然条件都非常适合种植柑橘，要充分利用好这一点来配齐自己的柑橘品种；第二，临济是最大的茶叶产地，如何在日常生活中突出自身的特点和优势，其中最重要的就是用临

济的特产招待客人，充分体现属于临济的茶文化；第三，临济要实现农工商一条龙服务，体现集聚效应，在全镇总体规划的同时还要保留农业的本质（耕地、自留地）；第四，临济规划中的湿地公园，镇政府还是要思考几个问题，就是规划给农民带来了什么，还有其他文化如何提前宣传，如何加大农村文化和民间文化的发展等，做一个看得见、摸得着的文化。

邛崃文化界知名人士傅尚志认为，临济镇对邛崃市委市政府提出的"363"工作计划非常重视，已开始行动，工作成效显著。傅老师同时提出了几点意见：第一，临济的文化特色就是茶文化，如何来展现临济的茶文化是镇政府首先思考的问题；第二，文化的规划，要分清轻重缓急，要根据自身的实际情况来建设，或者是剑走偏锋、另辟蹊径来形成自己的特色并走向市场，同时要借鉴岷山、蒲江等地的经验；第三，临济的湿地文化的现实问题很突出，应该缩小范围，这样便于操作；第四，临济重点应该抓什么文化，主要做什么，然后来带动其他相关的产业，要重点突出。傅老师建议临济镇政府对所有提出的问题都应该抓落实，要互动起来，体现自身的特色。

邛崃文化界知名人士傅军认为，目前邛崃市委市政府准备打造临济的应急产业园，加上临济镇党委政府重视，相信临济一定会打造好。他提出几点意见：一是茶叶产业是临济的经济增长点，但临济并不产特别好的茶；同时临济无大型的厂和无大的茶叶品牌，资金又明显不足，这些都是阻碍临济发展的大困难。二是临济的茶文化如何打造？中国的二元经济正向一元经济迈进，工业与城市化进程并重，文化是养出来的，所以并不能急于求成；建议临济应该先做产业、产品，文化是灵魂，在规划前先做好策划，要集中力量发展本地区的生产力，提高农民的生活水平，把集中打造茶文化和其他文化相结合，才能更好发展本地的文化。

胡立嘉老师认为，临济镇的发展要突出临济的优势，临济的优势是果园、茶园等，应该把当地的经济优势加入其中，同时还要把农民在果园、茶园劳作的情况和平时生产、生活的情况照好照片贴到文化站等地，来突出临济的特色，真正做到求真、务实。胡老师还提到了临济的湿地的资金问题、实际操作问题等，希望临济能够多种经营走路，认真思考，做好、做强、做大。

临济镇镇长对邛崃文化界人士的建议表示感谢，表示在下一步工作将充分考虑专家们提出的建议，科学规划，努力将临济镇的农耕文化打造出特色和亮点。

新津微型企业发展探讨

5月17日，新津县社科联在南河南岸樟树林度假村举办了本年度第三期学术沙龙活动，讨论的主题是"新津微型企业发展探讨"。沙龙邀请了本县企业界、文化界9位人士。大家畅所欲言，就主题进行了热烈讨论。

目前，新津县有私营企业2333家，个体工商户18857户，其中正常生产纳税的私营企业1248家（其中规模以上工业企业121家），个体工商户2921户。去年，全县完成民营经济总产值665亿元，实现销售收入394亿元，税收15亿元。民营经济总量已占全县GDP总量的73%，位居全省民营经济综合排位第三。因此，从某种意义上新津县民营经济还是以微型企业为主体。新津县民营经济发展以微型企业为主体，这些微型企业逐渐呈现出规模庞大、特色鲜明、集聚力强、品牌优良等特点。一是总体规模不断扩张，微型企业明显增多，资本投入逐步加大。二是产业集群集聚力增强，已形成路桥机械、旅游、餐饮，围绕这三大支柱产业，延伸链条，推进战略重组，做大做强，已成为民营企业发展中的主角。

微型企业对促进新津县经济发展起到了非常重要的作用。一是较好地解决了农村剩余劳动力的就业问题，微型企业多是劳动密集型企业，可以吸收大量农村闲散劳动力；二是激发了全民创业热情，新津县的小微企业已是星罗棋布，呈现出良好的发展态势；三是为全县企业的梯次发展奠定了基础，微型企业是乡镇区域经济的重要组成部分，对乡镇财政税收有着重要的贡献，作为培植大中型企业的根基，微型企业的迅速膨胀为全县企业的梯次发展奠定了重要基础。

新津微型企业的发展主要得益于以下措施：政府重视，政策扶持，是新津县中小微企业跨越发展的关键要素。此外，不断提升政府行政效能和持续夯实企业发展载体，也是新津县微型企业发展的重要因素。但新津微型企业的发展目前依然存在种种不足和困难。一是企业持续增效难度加大。目前，能源、原材料价格上涨压力加大，企业成本、费用上涨，利润空间缩小。二是资金紧张问题。银行贷款条件苛刻，微型企业从银行获得贷款越来越困难。三是招工难的问题。当前，全县工业企业用工需求量不断增加，各类企业不同程度地出现了招工难的现象。四是工业产业结构不够优化。产业技术含量还不高，生产模式大多都是家庭作坊式。缺乏创新人才，产品依然存在"量大质低"的现象，市场竞争能力和抗风险能力薄弱。

因此，要促进新津县微型企业进一步发展，要从以下几个方面努力：一是在融资政策方面，建议安排专项资金，扶持县级联合担保互助中心等中介担保组织建设。出台相关文件，积极引导民间借贷阳光化、规范化，规范完善中小企业应急周转金运行机制，拓宽融资渠道。二是在土地政策方面，建议制定出台针对土地整理和置换的专门文件，提供中小企业破除土地制约瓶颈的政策支持。对新能源、新材料等新型中小企业实行土地优惠政策，提高项目建设用地奖励指标。三是在人力资源信息流通方面，建议优化培训创业体系，开展创业辅导、技术技能和经营管理培训。每年帮助中小企业开展免费创业培训。同时建议加大对科技创新的扶持力度，出台有关政策，鼓励高校、科研院所、研发机构与企业建立合作关系，搭建科技创新平台。四是在加强合作交流方面，要发挥商会、行会协会等作用，促进企业抱团取暖、互利共赢。五是在加强品牌创建和培育方面，培育自有品牌，提高核心竞争力，实现可持续发展。

新津是四川首个民营经济试点县，民企在新津的经济总量中占大半个江山，因此促进民企健康成长是新津经济发展大事。从新津微型企业多的特点出发，探讨微型企业的提档升级很有必要。

Very good！ 成都青少年

　　6月22日，由全国基础外语教育研究培训中心、中国翻译协会共同主办的"外研社杯"中国青少年英语能力大赛成都赛区决赛在西南民族大学举行，四川省社科联科学普及部杨德志部长出席了本次活动开幕式，并发表热情洋溢的讲话，鼓励小选手们赛出水平，通过这样的活动提升学习英语的兴趣。出席开幕式的还有成都翻译协会常务副理事长兼秘书长孙光成教授，成都翻译协会副秘书长、原西南民族大学外语学院王向东院长，支持单位代表、成都伊莱特翻译有限责任公司领导等嘉宾以及担任本次活动评委的专家学者，成都电视台对本次活动做了现场录制报道。本次大赛从3月份就开始动员报名，成都赛区共有来自成都市各个中小学1140多人参加了4月21日在各参赛学校举行的初赛笔试（包括青白江和华阳）。本次赛区决赛分小学组和初中组、高中组，有组合节目，也有单项节目参赛，共有240多名选手通过组合表演和单项口语测试展示了自己的英语水平。通过激烈角逐，有68名选手获得全能一等奖，82名选手获得二等奖，其余为三等奖。获得一、二等奖的选手将获得7月份去常州参加第四届中国青少年英语能力大赛全国总决赛入场券。这样的活动不仅有助于提升中小学生的英语口语及交际能力，激发他们展示自己的欲望，还能激发学生阅读英语课外读物的兴趣。

龙泉汽车产业的人才支撑研究

　　7月14日下午,由龙泉驿区社科联主办的"龙泉汽车产业的人才支撑研究"学术沙龙在区委宣传部会议室举行,沙龙邀请了四川省社科院经济研究所所长蓝定香教授。区社科联主席胡红兵主持了沙龙活动。大家就龙泉驿区汽车产业发展现状和发展方向进行了探讨,对龙泉驿区在人才引进中采取的方式方法和面临的问题提出了意见和建议。

　　车业带动百业。汽车产业是一个国家工业化程度的重要标志,是国民经济重要的支柱产业。汽车产业具有产业链长、关联度高、就业面广、消费拉动大等特点,在推动国民经济和社会发展中发挥着重要作用,世界各国都对汽车产业高度重视。要想实现龙泉汽车业的自主发展,增强其国际竞争力,就必须将人才开发放在核心位置上考虑,逐步树立汽车产业的发展核心在"人才支撑"的理念。为此,要从管理、组织、职业和自我角度全方位进行人才开发,重点做好引进人才、培养人才、

使用人才和发展人才等基础工作,这样才能培养大批应用型高技能创新人才和经营管理、贸易服务等方面的领军人才,提升汽车产业链中产业大军的总体素质,满足龙泉汽车业快速发展的要求,实现龙泉汽车工业自主创新的历史性跨越。因此,对汽车产业人才支撑的研究日益表现出其重要性和必要性。

　　蓝定香教授在听取了胡红兵主席的介绍后进行了深入的交流,对下一步的研究方向进行了规划、制定了调研步骤。此次龙泉社科联与四川省社科院经济研究所开展的合作,旨在从龙泉汽车产业所面临的人才支撑现状问题出发,通过对龙泉汽车产业城建设与人才支撑的理论基础、发展现状及互动关系等进行深入的分析、论述和研究,探寻出可用于指导龙泉汽车产业发展实践的理论依据,以实现可持续发展,提出龙泉汽车产业发展人才支撑的针对性、可行性对策建议,并最终形成可供政府决策参考的调研报告,推动龙泉汽车产业发展乃至实现全域成都的大繁荣大发展。

7月26日，由国家行政学院和人民网主办、中央综治办支持的"2013全国加强和创新社会管理金牛现场会暨典型案例颁奖典礼"在成都市沙湾国际会议展览中心举行。金牛区以曹家巷"自改委"为代表的、以群众工作创新推动城市拆迁的案例《创新居民自治改造新模式 汇集基层社会治理正能量——金牛区发挥群众主体作用破解旧城改造难题的探索与实践》经过网络投票和专家评审，在参与评选的100余件案例中脱颖而出，获得"最佳案例"并被确立为社会管理创新"示范基地"。

"加强和创新社会管理典型案例征集"由国家行政学院和人民网联合开展，旨在发现各地加强和创新社会管理的先进典型，研究和探索省、市、区（县）社会管理创新规律，推进社会管理创新实践，总结和弘扬创新社会管理的典型做法和先进经验。

强化创新社会管理　扎实践行群众路线

创新社会管理案例征集按八方面归类，分别是人口服务管理方面、经济组织管理方面、社会组织管理方面、境外非政府组织在华活动管理方面、互联网管理方面、社会矛盾化解方面、社会治安方面和维护市场经济秩序方面。征集活动本着公平、公正、公开的原则进行，由网友公开投票产生。今年是第二届征集，共评选出以天津滨海新区《加强顶层设计 创新体制机制》、张家港市《"走千家访万户送安全"活动》为代表的20个优秀案例，以成都市金牛区《破解旧城改造难题的探索与实践》、辽源市《创新"十位一体"工作模式》为代表的10个最佳案例，并评选出了以成都市金牛区曹家巷、吉林省四平市为代表的5个社会管理创新示范基地。

本次会议有来自全国人大、中组部、中宣部、中央政法委、中央党校、国家行政学院、中国人民大学等单位的领导、专家及全国各地的代表，省市相关部门领导、专家学者100余人出席。与会嘉宾赴金牛区自治改造的代表项目曹家巷进行实地考察，并与曹家巷"自改委"成员进行交流，对发扬群众路线，以走党的群众路线，以群众工作破解拆迁难题的自治改造模式进行深入剖析，积极建言献策。

在"危机"中寻求生机

8月16日，新都区商务和旅游局组织召开餐饮企业转型发展、农家乐提档升级沙龙座谈会。2012年以来，新都区部分餐饮企业出现销售下滑、发展减缓等态势，本次沙龙目的就是为推动调整餐饮行业产品结构、大力推动餐饮业转型发展、促进餐饮业量产增效出谋划策。会上，新都区商旅局分管领导强调，目前受大环境影响，餐饮企业普遍呈现低落态势，但要危中求机，寻找更多的发展形式。一是调整结构。既要有消费层次的结构，也要有产品的结构；二是针对性调整营销策略，开发朋友聚会、寿宴婚宴等项目；三是细化服务，从停车到食品卫生安全、消防安全等都是企业必须做的工作；四是餐饮企业要突显特色，重健康，抓环保；五是本土餐饮企业之间不能恶意竞争，不损人利己；六是要有创新意识和宣传营销的概念。新都区餐饮娱乐行业协会会长提出，餐饮企业应抛弃奢侈浪费之风，大力倡导节俭，绝大多数餐饮企业应从高消费转型到普通消费。就目前市场来看，受到冲击最大的是客源相对单一的中高档餐饮企业，所以应该进行多元化的形态转型，要做到服务规范化、菜品农家化、卫生严格化。新都镇、新繁镇、斑竹园镇、木兰镇、新民镇分管领导，餐饮娱乐协会成员及16家大中型餐饮企业（农家乐）负责人参加了本次座谈会。

探讨新都区区域发展走向

8月16日，新都区社科联举行"房地产协会会员大会暨论新都区区域发展走向"沙龙座谈会，四川省社科院副院长盛毅、成都市社科院副院长阎星参加了本次沙龙座谈会，让本地房地产开发企业分享了他们对新都区区域发展走向的认识，并为新都房地产业的未来发展建言献策。会上，两位专家与近百家房地产企业进行了良好的互动与沟通，大家就"新都区区域发展走向"这一议题各抒己见，为新都的未来共同出谋划策、共话美好前景。协会会员纷纷表示，将进一步夯实工作细节，突出重点，把握关键，充分发挥为企业办实事，为行业排忧解难的根本职能，调整工作方法，充实服务内容，更好发挥自身作用，以实实在在的工作业绩为"六个新都"建设贡献力量。

中国白酒金三角部分名优白酒企业家座谈会

9月28日，为推动邛酒发展，邛崃市委宣传部、邛崃市社科联在金强琴台森林酒店举办了学术沙龙座谈会，参会的有四川中国白酒金三角酒业协会理事会理事长王少雄、常务副理事长李成云、协会会长王国春等省内外专家50余人。会议由中共邛崃市委常委、宣传部部长、邛崃市社科联主席舒显奇主持。

探讨邛酒产业发展新趋势新举措

舒显奇首先代表邛崃市委、市政府热烈欢迎到邛参会的各位领导、嘉宾，并感谢大家一直以来支持邛崃经济社会发展。舒显奇表示，邛酒一直是邛崃经济和文化的重要组成部分，市委、市政府历来重视白酒产业发展，市十三次党代会提出将邛崃建设成为世界酒业发展高端、享誉全国的"原酒之乡"和"中国白酒金三角"重要组成部分，制定了产业中长期规划，努力打造中国名酒工业园和世界名酒文化走廊，创新体制机制，加强人才培养和质量监管，大力推进邛酒规范化、标准化、品牌化建设。本次座谈会旨在推动四川白酒产业调结构、转方式、促进技术进步、加

强人才队伍建设，在当前白酒产业发展和市场出现新的变化情况下，进一步提高中国白酒金三角的影响力。

王少雄：四川酒企负责人应该有战略家和思想家的意识，面对白酒行业发生很大变化的新形势下，川酒企业应认清形势、面对挑战、把握机遇、转变观念、积极应对、主动有为。企业要立足自身实际，取人之长、补己之短。推动科技创新、技术进步。如在生产中采用机械化、自动化工艺路线研究和实践，改变传统的手工操作，提高生产效率，为川酒的发展起到积极推动作用。要转变经营理念和实现发展

目标的方式方法，为消费者提供优质美酒。要时刻以市场需求为导向，学习景芝品牌打造和技术创新的进取精神。要加大白酒文化宣传力度，将传承发展的企业文化理念，与酿酒生产过程结合，闯出一条新路。四川酒企应该关注市场，强化市场营销。始终坚持以市场需求为导向，适时调整产品布局，促使消费理念和方式转变，打造川酒品牌，引领消费市场发展。要脚踏实地，逐步推进改革。秉持强基固本的务实精神，推动技术创新，全面提升绵柔工艺品质，注重市场精细化发展和企业可持续发展。

李成云：当前宏观经济环境严峻复杂，要更加注重产品质量和安全，有利条件与不利因素并存，经济发展既有增长动力，也有下行压力。尤其对于受宏观经济因素影响较大的白酒产业，面临的困难更为明显。从目前发展趋势看，对高端品牌酒的消费能力降低，加之成本不断上升，全省规模以上白酒产业效益下滑态势短时间内难以扭转，预计全年规模以上白酒产业主营收入、利税和利润等效益指标难以实现年初预定目标，乐观估计有可能与去年持平。企业要认清当前严峻形势，积极转

变发展理念。理性面对市场变化，积极进行产能调整及营销模式创新，特别是要积极接受网络时代对传统经销的变革。要切实回归产业根本，更加重视产品质量和安全，对原酒生产品质的指导和培训，切实排除生产质量安全隐患，主动加强白酒安全风险预警应对机制建设。各地应明确白酒产业在国民经济发展中的位置，提出明确的产业发展规划，出台支持企业调整和技术创新的政策，同时充分发挥协会服务企业指导行业作用，增强会员对协会的向心力。

王国春：川酒发展要与"市"俱进，在中国白酒黄金十年中，全国白酒一直处于调结构的进程中。变化的市场、变化的消费群体说酒的质量好，才是真的质量好。有人说洋河所产的酒是用的四川基酒，口中还颇感自豪。这不是应该感到自豪应该是悲哀，洋河川酒的基酒将一部分酒进行了改造，创造了新的香型——绵柔型。绵柔型不是一个概念，而是进行了工艺方面的整合，吸收了酱香型的工艺，洋河克服了浓香、酱香的弱点和缺点。洋河在学习川酒的基础上，进行了适合于消费需求的实质性创新，真正与"市"俱进，得到了市场的认可。酒是一个高度市场化的产品，酒厂是各地财政收入的重要来源，也是解决就业的重要途径。山东景芝将代表未来白酒发展的趋势。因为，景芝的芝麻香型，具有清香、浓香、酱香特点，克服了三种香型的缺点和弱点，更具代表性。上述两家酒企都是在学习了川酒的基础上，继承、再创新、实现再发展，青出于蓝而胜于蓝。川酒要在创新生产技术、改进生产工艺、打造酒企业文化上下功夫。

庄名扬：川酒产生了危机是一个不争的实事，应理性看待这一问题，并找出解决的方法。那么川酒究竟出了什么问题？就是观念落后。从传统

工艺上讲，川酒的工艺是先进的，但是在观念上却是落后的，现在我们的企业管理和生产方式依然停留在10多年前，中国的白酒生产机械化是必然趋势。目前，从几个酒企的机械化试点来看是成功的。在川酒今后的发展中，务必要扩大厂房规模，更好地引进、实施机械化生产，同时还要结合现有的工艺，既保证产品的质量，又能提升产量。

李大和：当前如何应对白酒市场变化，首先要练好内功，更加重视产品质量，这对酒企而言显得非常重要。对此提出四点建议：一是要练好内功，搞好质量，调整工艺，生产出适应市场需要的基酒和调味酒。二是对于中小企业，要大力抓紧发展特色产品，努力打造区域性品牌。三是抛弃以往陈旧的观念，生产更多的服务市场满足市场需求的产品。四是加强人才队伍培养，定期不定期召集各个工艺流程上的专业人士进行交流讨论和培训。

胡永松：邛酒这几年有了很好的基础，腾飞条件已经具备，酒企应在管理、技术和营销的创新三方面下功夫，真正生产自然的、纯良酿造的固态发酵酒，是邛酒突破的关键。建议邛酒企业在精细化管理、科技创新、品牌建设上下功夫，政府和相关部门要切实加强指导和扶持。

左平："中国白酒原酒之乡"、"邛酒地理标志保护产品"两个金字招牌，提升了邛酒的美誉度和知名度，提高了邛酒含金量，我们将借"邛酒"获得两个金字招牌契机，加大品牌建设力度，扩大金六福系列产品市场占有率。禁酒驾、禁酒令和限制"三公"消费等一系列不利因素导致高端白酒销售持续走低，金六福推出了新产品——绵柔金六福，虽然四五百元，不一定属于高档酒，但对于本身就走大众路线的金六福来说，这就属于高端。实践证明，调整产品结构的做法是成功的，绵柔系列推出后仅一年多时间，取得了较好的销售业绩。

张成松：白酒行业当前遇到的挫折，我认为是机遇，对邛酒来说也许是好事。

目前的状况其实是一种理性回归，这为邛酒的振兴提供了良好契机。着眼于未来，公司提出"稳扎稳打"的下一步工作思路，一步一个脚印，力争把"渔樵仙"品牌做大做响，真正成为消费者心中回味悠长的精典美酒。只有加快创新步伐，加大创新驱动力度，才能有更好的发展。在当前我们更要认清自己的优势和短板，全力抓好技改。要充分发挥自身优势，投入专项资金，改造发酵技术、生产设施，通过改进工艺技术，提高出酒率和酒质。

朱登沛：好酒不愁销，白酒行业当前的低迷并不可怕，刚性需求仍在，重要的是真正转变观念，共同维护好邛酒品牌形象。在市场经济的大潮中，就应该顺应这种发展趋势。作为中国最大原酒基地，我们就要做出表率，踏踏实实做好原酒，从容面对政策调整、原料涨价。我们一定要抓好邛酒的产品质量，多产原料上乘、工艺考究的粮食好酒。

川菜文化与休闲旅游

造中国最休闲乡村美食目的地建言献策。

与会专家学者纷纷称赞，川菜文化体验馆是人们了解川菜文化的最佳场所，而市场的反响也从一个侧面印证了专家的观点。成都蜀都文化旅游投资发展有限公司总经理徐良说，川菜文化体验馆现在每天都有几十家旅行社带着客人过来参观体验，从都江堰、青城山返程的许多游客会来此旅游，自3月份开馆后，前来参观的游客达到6万人次，预计今年底会超过10万人次。民俗文化专家袁庭栋建议，可以推出专门的海外美食团，让海外游客在饱览四川风景名胜的同时，深度体验正宗的川菜美食。

郫县作为中国农家乐旅游发源地，"川菜之魂"郫县豆瓣的发源地，对探索餐饮产业发展方式，抢占美食文化高地，引领川菜品牌形象塑造，推动乡村休闲美食旅游，拥有深厚的基础条件与价值优势，具备建立"中国乡村美食休闲目的地"的潜力，适合打造"乡村美食休闲旅游主题景区群"。

《科幻世界》前总编、享受国务院特殊津贴的专家谭楷先生认为，郫县应该是中国最休闲美丽的乡村。他引用了1911年《美国国家地理》杂志记者罗林·夏柏林路过郫县时对当地乡村赞美的描述，"这里的乡村向你展开一幅幅美丽的风光画卷，激起你心中无限想象，特别是那触目皆是、满地金黄的油菜花，光辉灿烂，这也许是整个大地最美的时刻，美的极致与巅峰"，以此来阐述对郫县打造休闲乡村的支持。

徐良认为，川菜美食发展前景无限，在郫县努力打造集生产工艺展示、川菜文化传播、特产购物、美食体验等于一体的川菜文化旅游主题景区的大背景下，川菜文化体验馆将成为"都青线"、"九黄线"又一"旅游黄金招牌"和成都世界美食之都的川菜文化展示窗口。

10月26日，由四川省休闲文化研究会、郫县旅游局、旅游协会等组织开展的"川菜文化与休闲旅游"发展研讨会在郫县中国川菜文化体验馆举行。四川省休闲文化研究会会长黎光成、谭楷、胡廉泉、袁庭栋等川内文化名流走进中国川菜文化体验园景区，实地参观了川菜文化体验馆，探寻川菜文化品牌塑造的方式和手段。大家畅所欲言，各抒己见，紧紧围绕川菜文化在四川省旅游发展中的地位与作用、川菜文化体验馆存在的必要性及价值意义、川菜文化与休闲旅游间的相互关系，以及郫县打造中国最休闲乡村目的地的可行性等议题进行了广泛的研讨，积极为郫县打

10月30日下午，成都市社科联、中共成都市委党校、成都日报主办的以"成都打造国际旅游目的地城市研究"为内容的学术沙龙在金堂县五凤镇举办，沙龙邀请了成都市旅游局、市委党校、民进成都市委及金牛区、高新区、崇州市、大邑县、金堂县等部分区（市）县相关单位的负责人及成都市委党校部分专家教授参加。沙龙研讨内容围绕成都市旅游业的发展现状、发展过程中存在的问题、旅游业管理者面对旅游目的地城市发展的考验等问题展开，旨在探讨成都在打造国际旅游目的地城市的过程中，应该具有怎样的举措。中共成都市委党校文化建设教研部历史学博士、副研究馆员谷敏主讲。参与人数约30人。整个沙龙活动中，与会人员积极发言，首先对于未来全球旅游业国际化将成为趋势达成了共识，认为旅游业不仅可以拉动经济、改善民生，还对于改善生态环境、建设"美丽中国"具有不可替代的重要作用，对新时期中国民众的生活方式将会产生深刻影响。

成都打造国际旅游目的地城市研究

近年来，成都的旅游业快速发展，在西部、全国乃至全球都取得了令人瞩目的成绩。成都是联合国世界旅游组织和国家旅游局联合命名的"中国最佳旅游城市"、联合国教科文组织授予的"美食之都"、"世界优秀旅游目的地网络成员"（亚洲首个），并获得首批国家"旅游综合改革试点城市"称号。2011年，成都市旅游局提出了"建立国际知名旅游目的地城市"的目标，这也是成都旅游在未来的发展方向。

成都旅游产业总体态势良好，但国际化程度不高、国际客源不多，需对接符合成都实际的国际旅游城市标准，找出问题并寻求对策。

与会者认为，成都在发展国际旅游目的地城市时主要还存在以下几个方面的问题：一是城市旅游形象多元，国际对接不够，需重塑国际旅游品牌，系统推广在城市形象塑造上，成都提出过多个口号，如美食之都、休闲之都、天府之城、熊猫之都、财富之都、成功之都、时尚之都等，其城市形象众多，获得了各种美誉，但也存在遮蔽主元的现象。二是依然主要停留在"观光游"阶段，在城市旅游配套、旅游交通与环境保护、人才培育、居民旅游参与度上，与国际旅游城市相比均不足，与国际化大都市相比较，成都缺乏与国际接轨的设施及服务，如：高档酒店数量不足；缺乏具有国际影响力、服务完备的国际旅行社；信息服务中心的数量不足、便捷度不够；以人为本的微笑服务理念不强；缺乏国际水准的专业服务技能和人才队伍。这使得目前的旅游，尤其是入境游主要停留在"观光游"阶段，尚未进入到"体验游"。三是没有细分国际市场和国内市场，缺乏不同层次有针对性的旅游产品，旅游产品国际化转变力度较低。

谈到成都打造"国际旅游目的地城市"的对策及建议，与会者主要有以下几方面的意见：

一是突出文化特色。国际化旅游的方向是成都旅游高质量发展的保障。但我们也应该看到，国际化旅游并非丢弃成都的特色，旅游的目的往往是需求"差异性"，因此，成都在打造旅游景区、提供旅游服务、发展旅游产品的过程中，更应当根据旅游市场的需求，结合成都实际，打造、提升一批具有鲜明成都风格的文化品牌。

二是依托旅游法规。2013年4月25日，第十二届全国人大常委会第二次会议表决通过了《旅游法（草案）》。这是十二届全国人大常委会通过的第一部法律。《旅游法》对旅游相关内容都作了明确规定，全面、科学、指导性强，对促进我国旅游业全面协调可持续发展意义重大。成都应充分依托《旅游法》，进一步修订《成都市旅游条例》，制定符合国际一流旅游目的地要求的实施细则；加快推进旅游营销网络、旅游产品开发、旅游人才储备建设，并参照国际标准与国际发展方向，为广大旅游者提供体系完备、门类齐全、规范标准、优质高效、便利惠民、安全舒适的旅游服务。

三是借力"智慧城市"。成都将在"十二五"期间，投资88.6亿元，建设"智慧城市"，其中，"智慧旅游"是"智慧城市"建设的重要组成部分。成都在建设"智慧旅游"时，应当围绕旅游业特有的"吃、住、行、游、购、娱"配备全域化的旅游咨询服务体系，完善虚拟旅游、信息查询、个性线路设计、政府热线、电子商务等项目，加快旅游业的转型升级。

构建高效课堂

10月31日上午，崇州市社科联、崇州市教育局联合在学府街小学举办了崇州市"构建高效课堂"学习培训会，培训会邀请成都市教科所副所长杨霖作《学校课堂教学改革的思路与策略》的专题讲座。"构建高效课堂"是崇州市教育质量提升三年行动计划在课堂教学中得以实现的重要工作，是推进课堂教学改革的重要形式之一。杨霖所长用前沿的教育教学理念和真实的案例与参会领导、教师一起分享了课堂教学改革的目标和研究重点：学校课程改革是以课堂教学质量促进学生发展的变革，是基于了解和尊重学生的课程改革，是基于学科课程标准的教学改革。杨所长精彩而又饱含激情的演讲深深地感染着在场的每一位领导、每一位名师，让大家深切认识到教育要从孩子的立场出发，才能创造精彩、高效的课堂，也让大家真正理解到构建高效课堂的内涵所在。此次培训对于到会的全体教师来说，既是一次师德的培训，更是一次专业的提升。崇州市社科联、崇州市教育局有关领导到会并讲话。来自全市各中小学负责人和部分中小学教师300多人参加了培训。

强力推进成都生态文明建设

12月12日下午，由成都市社科联、成都日报、成都市委党校主办，成都市党校系统邓小平理论研究会承办的主题为"成都生态城市建设研究"的学术沙龙在成都市委党校A103教室举行，与会者来自市县两级水务系统和市审计局、市社科联、市体育局等部门的领导和专家，有来自青羊区、武侯区、郫县、大邑县、金堂县、崇州市等领导和专家，以及市委党校有关专家共32人，就成都生态城市建设中的一系列问题进行了热烈的讨论。本次学术沙龙由成都市委党校现代科技教研部主任张洪彬教授主持，有6位领导或专家做了主题发言，他们就当前成都的生态文明建设进行

了深入探讨，并提出了富有建设性的对策建议。

与会嘉宾的讨论主要围绕以下问题展开：一是成都市县域生态示范区建设回顾与思考；二是当前成都市生态城市建设存在的主要问题；三是成都水资源环境与生态城市建设；四是成都市大气污染与防治；五是农业在生态城市建设中的地位和作用；六是人大、政协在生态城市建设中的作用；七是生态文化建设研究。

与会者一致认为，党的十八大把生态文明建设提到了新的高度，提出了"建设美丽中国，实现中华民族永续发展"的奋斗目标，并自上而下地部署了"优化国土空间开发格局"、"全面促进资源节约"、"加大生态系统和环境保护力度"和"加强生态文明制度建设"四大工作。党的十八届三中全会对建立生态文明制度体系、用制度保护生态环境作了进一步的安排，并提出了健全自然资源资产产权制度和用途管制制度、划定生态保护红线、实行资源有偿使用制度和生态补偿制度、改革生态环境保护管理体制等，这些都为我们的工作指明了方向。

本次学术沙龙的专家观点综述如下：

一、成都市生态文明建设的回顾与挑战

专家指出，要关注县域生态文明的建设，县域是成都市的基本行政单元，县域生态文明建设水平的高低直接关系成都生态文明的建设。生态示范区建设是生态文明建设的具体措施。2007年成都启动了生态市建设工作。2009年8月市人大常委会第十二次会议审议通过《成都生态市建设规划》。在成都市第十二次党代会上，明确提出要在2015年建成国家级生态市。在创建生态市过程中，具体分为生态县（市、区）、生态乡镇、生态村、生态家园四个层级来推进。到目前为止，在成都市14个郊区（市）县中有9个达到省级以上生态县（市、区）建设指标体系要求，其中7个县（区）通过国家级生态县命名、验收或技术评估，4个县被正式命名为国家级生态县，取得了不错的成效。但也要清醒地看到，到2015年建成国家级生态市还有大量的工作要做，我们还需努力。专家指出在成都市生态文明建设中存在以下挑战：

一是人类文明的发展经历了狩猎文明、农业文明、工业文明阶段，今天正在进入生态文明阶段。工业革命使人类取得了巨大的成绩，但也形成了"路径依赖"的社会惯性推动人们自觉不自觉地用工业文明的路子来办事。因此，一方面我们要克服工业文明的社会惯性对生态文明建设的阻碍作用，另一方面要注重建立基于"生态文明"的社会惯性推动成都生态文明建设的发展。

二是要深入思考和实践如何让经济发展在生态文明的轨道上运行。生态文明建设与经济建设的关系是环境保护与经济发展之间的对立统一关系。一方面，环境保护与经济发展是对立的，人类的生存和发展会带来环境污染和生态破坏，累积到一定程度就会爆发环境问题和生态危机；要保护环境，在一定时空范围内或多或少地制约经济的发展。另一方面，经济发展和环境保护又是统一的，环境保护的根本目的还是为了促进经济社会更好的发展，给人类自身提供良好的赖以生存的自然环境。经济增长与环境的矛盾将会长期存在，在当前工业化和城市化快速推进阶段更显得特别突出。

三是要认识到科学技术对生态文明建设的支撑作用，生态文明建设是人类文明发展的必然趋势，也是深入贯彻科学发展观的必然要求。科学技术深刻改变了人类生产、生活的方式和质量，也在改造着人们的思维方式和世界观。从某种意义上讲，科技进步推动了生态文明的产生。随着创新步伐的加快，科技的支撑作用和驱动力将在生态文明建设过程中进一步显现。

四是要关注生态文明理念的树立，特别是领导干部生态文明理念的树立。在当前，生态文明建设正在蓬勃开展，但也凸显许多问题。从工作的开展来看，生态文明建设往往与"一把手"有很大的正相关。一般而言，"一把手"重视并切实认真地抓生态文明建设，则该地的生态文明建设工作就搞得好。

二、加强水环境建设，打牢成都生态之基

专家指出，水是生命之源、生产之要、生态之基。成都市本地水资源总量约为86亿立方米，其中地表水79.5亿立方米，地下水6.5亿立方米，过境水有171亿立方米。成都市人均水资源拥有量750立方米，不足全球人均水资源的1/10，全国人均水资源拥有量的1/3多一点，四川省人均水资源的近1/4，是全国400多个缺水城市之一。可以说目前成都市水资源已十分贫乏，水生态已非常脆弱，水生态建设已刻不容缓。目前我市水环境存在以下问题：

一是随着城市化进程不断加快，城市规划和建设不同步，城市雨污合流，配套设施的不够完善和污水处理厂和管网匹配不合理等因素，造成污水直接下河现象发生，河道成为纳污河道，污染加剧逐步变成黑臭河道。特别在城郊结合区域和跨多个区域的河流污染严重。

二是城区河道防洪排涝能力建设与城市发展不能匹配。城区河渠防洪排涝能力普遍较低，河渠在洪涝灾害发生时高水位运行，导致排水管网出口淹没出流，甚至可能出现河水倒灌进入管网。

三是排水管网设计、建设、管理水平与城市定位有差距。排水管网"小、断、堵"是城市内涝的又一主要原因。其一，管网标准低、管径小的问题。其二，管网"断"的问题。尤其是旧城区的断头管网较多。其三，管网"堵"的问题。管网建设过程中还存在新旧管网建设高程、标准不协调。

四是城市建设过程中破坏水系未及时作好替代措施。

五是城市大量硬化，蓄滞雨水功能小。随着城市规模的扩大，城市热岛效应促进了极端天气发生，城市易形成小区域强降雨；城市路面、公共区域大量硬化，导致降水不能及时向下渗透，降低了地面蓄、滞雨水能力，雨水汇流迅速，积水增多后形成内涝。

专家还就成都市水环境建设提出了对策建议：

一是用系统观思考水环境整治，相关部门联动齐抓共管形成合力，河流上下游同步整治，面源污染和点源污染整治相结合。特别是跨区域的河流整治上下游应加强协调，同步实施确保整治效果。要改变重建轻管现象，落实经费和人员，建立河道水环境长效管理机制。

二是污水处理设施和管网收集系统应统一规划，同步建设。特别应加大管网建设力度，实施雨污分流，提高污水收集率。确保污水能够收集和污水处理设施能正常运转并很好发挥效益。要建立政策激励机制和落实生态补偿机制，保护水环境。

三是加强城市河渠治理工作，将河道整治与城市景观相接合，逐步提高城市河渠行洪排涝能力，提升城市形象，改善城市水环境质量。

四是提高雨水管网规划标准及规划的系统性、提高道路排水设计标准，尽早编制完成城市排水规划。建立行之有效的管网建设审查制度，避免出现雨污混接，断头管，以及不同区域管网无法对接，形成排涝网络的问题。同时，强化应急抢险应急队伍建设，配备必要的移动抽排水设施，提高城市内涝应急处置能力。

五是在今后城市建设中，应加强水系规划，将城市规划与防洪规划、排水规划无缝对接，预留好排水通

主持人

发言席

发言席

点，群策群力，集各方面的力量共同做好生态环境建设。三是充分发挥委员们民主监督的作用，及时掌握社会各方面在生态环境上所暴露出的问题，帮助、促进政府进行生态整治、监管。

四、注重发挥农业的生态功能

专家认为，农业在生态文明建设中具有重要的作用。要正确处理生态文明建设与发展现代农业的关系。要认识到一方面农业具有生态功能，另一方面良好的生态环境又是发展农业的前提和基础。应该使农业在良好的生态中发展，生态环境在发展农业中得到保护和优化。要结合新农村建设，充分发挥成都的生态优势，以发展绿色农业、生态农业、有机农业、特色农业、现代农业为主攻方向，从人、自然、经济的高层循环出发，突出产业化经营，坚持种植——养殖——沼气——种植的循环利用模式，大力发展生态绿色循环农业，使全市农业发展逐步走上生态化、有机化、规模化的良性轨道。同时还应在中心城区发展都市农业，改善中心城区的生态环境。

今后的工作中重点做好以下几方面工作：

一是调整农业生态结构。其一，调整农业内部结构，实行一业为主，多业结合，农林牧副渔全面、协调发展，不断提高农业生态系统的生产力。其二，调整农业生态系统的空间结构，模拟自然生态系统的成层现象，搞立体种植、养殖或种植养殖相结合，提高资源利用率。其三，调整农业生态系统的时间结构，充分利用时间，合理配置农业生物，增加农业经济收入。

二是提高生物能的利用率和废物的循环转化率，特别是有机废弃物资源的利用率，减少对外部投入的依赖。既要生物资源产生食物和饲料，也要它能产生燃料和肥料，使生物资源得以充分利用，使生态农业成为无废料农业，实现经济效益与生

道；出让地块涉及水系的，应注明水系替代或迁改方面的条件，尽量避免河道、渠道列入出让地块进行转让。新的道路建设时，穿路桥涵要按规划和防洪标准同步设计、同步施工，避免道路完工后，再进行排水建设的重复建设现象。

六是在今后的城市规划、建设过程中应尽量减小城市硬化面积，使用透水材料，提高城市的自然渗透能力。发挥城市公园、绿地、河道、湖泊蓄滞雨水功能，增大城市防洪能力。

三、发挥人大、政协的作用，促进我市生态文明建设

专家指出，环境问题涉及面广，解决难度大，需要社会各方面的共同努力。人大、政协作为党委、政府联系社会各界的有效平台，更应该发挥其为共同目标团结社会各方力量的积极作用，促进环境状况有效改善。发挥人大、政协的作用主要体现以下几点：一是充分利用人大、政协联系广泛的特点，向社会广泛宣传政府在环境改善方面所做出的种种努力，化解社会矛盾，维护社会稳定。二是充分动员人大代表、政协委员为"生态成都建设"出谋献计。发挥政协高层次人才密集的特

态效益的统一。

三是保护、合理利用与增殖自然资源。首先是保护森林、草原、湖泊、水库、海洋、农作物等自然资源。第二是控制水土流失，可采取生物、水利工程或改革耕作制度等多种措施。第三是保护土地资源，建立农田保护区，保护耕地，用地养地相结合，秸秆还田或秸秆过腹还田，增施有机肥料，种植豆科作物和绿肥作物，合理进行间混套作等。

四是防治农业生态环境污染。对于在农村兴办的企业包括乡镇企业、民办企业、私营企业，要强化环境管理，采取切实可行的污染防治措施。对于农业自身污染要积极进行综合治理，包括推广农业病虫害综合防治，减少化学农药使用量；合理使用化肥；对农用地膜加以回收利用；执行《农田灌溉水质标准》和《渔业水质标准》，合理进行污水灌溉与养鱼等。

五是以微循环观念指导农村能源建设。要执行"因地制宜，多能互补，综合利用，讲求实效"的方针，大力营造薪炭林，推广省柴灶，兴建沼气池，同时积极发展小水电、小煤窑，利用风能、水能、太阳能、地热能等，以解决农村能源尤其是农村生活用能的严重短缺问题。

六是充分利用太阳能提高农业生产力。通过合理布局和配置农作物，应用现代农业新技术，例如选育良种、耕作栽培、田间管理等措施，来提高太阳能的固定率、转化率，获得列更高的农业产量。

七是扩大绿色植被面积，提高森林绿地覆盖率。要因地制宜植树种草，营造农田防护林网，发展果木林、经济林、薪炭林及其它林木，创造良好的农业生态环境，促进生态农业系统的高产稳产和良性循环。

八是保护生物多样性。要保护各种类型的生态系统、各种天敌、各种农业生物物种等。

五、注重生态文化的建设

专家指出，文化就是人化，即人类通过思考所造成的一切。具体而言，文化可以看作是那些被社会成员广泛复制拷贝执行的操作程序。至少包括以下几个方面。一是衣、食、住、行、娱的规范准则，二是人际关系的遵循原则，三是人与自然关系的准则，四是认知自然界的准则，五是认知社会的准则，六是思维准则，七是社会管理准则。这些准则特别是人与自然的准则构成了生态文化的基本内容，也构成了文化的生态功能。要特别重视在成都的文化建设中发挥文化的生态功能，开发文化的生态功能应成为当务之急。

成都的文化建设，经过近10年的努力，已经成为首批国家公共文化服务体系示范区。取得成绩和存在问题如下：

一是对基础文化设施建设，近10年投了23亿，实现了设施全域成都全覆盖，并实现了合理利用。二是对文物保护方面，进展和问题同时存在。一方面成都是首批历史文化名城，2005年，在中外文化遗址标志申报中，成都向国家文物局申报，金沙太阳神鸟成为成都的城市文化形象标志。另一方面，在调研中发现，由于城镇化开发进程大拆大建，有很大破坏，仅有的历史遗存遭到很大破坏，现在在努力保护。三是在博物馆建设中，有110所国有和民办的，在全国走在前列，特别是成都重视民办博物馆，出台扶持政策，给予资助每年1000万。成都将打造民间文化博物馆集聚中心，很多博物馆取得了执照。对民间文化博物馆，将建一中心、三聚落。一中心在天府新区；三聚落，一是青城山下，二是洛带古镇，三是安仁博物馆小镇。此外，我市有5个博物馆进入国家三级博物馆，而四川省一共才有6个。四是打造特色文化品牌。两年一度的成都非遗节，对提升成都的知名度、美誉度起了重大作用。已经在联合国教科文组织备了案。对推动全国非物质文化遗产保护起了重大作用，是国务院到目前为止批准的四大节会之一。联合国参与了成都市第二届非遗节的主办，这是第一次以联合国的名义在国内举办的节会，当时有105个国家的代表到成都。五是文化品牌对成都的推广起了重大作用。

六、成都市大气污染原因及应对措施

专家指出，今年以来，成都的雾霾天气增多表明我市大气污染治理刻不容缓。2012年成都市城区环境空气中二氧化硫、二氧化氮、可吸入颗粒物年平均浓度值分别为0.033毫克/立方米、0.051毫克/立方米、0.119毫克/立方米。按照"老三项，老标准"评价，城区环境空气质量为三级，空气质量优良天数293天，优良率80.1%。但是，按照环境空气质量新标准评价，成都市2012年达标天数仅42%，PM2.5超标现象严重。专家还分析我市大气污染形成的原因：

其一，地形与气候的"先天不足"。一是盆地气候最大的一个特征就是静风频率

高，风速小，这让污染物极不容易扩散。二是地处盆地的成都，相对湿度很大，这就造成了悬浮在空气中的颗粒物有吸湿性增长的条件，会加速污染物的聚集。三是成都的静稳天气比较多，静稳天气下，极不利于污染物扩散稀释，反而会加重空气污染。四是成都的逆温天气比较频繁，而且逆温的厚度比较厚，这也是阻碍大气污染扩散的重要原因。这意味着，相同排放条件下，成都会比扩散条件好的城市更容易受到污染。

其二，从污染源看高污染燃料比重高。2012年成都市煤炭消费量为895.19万吨标煤，燃煤占全部能源消费的比例高达25%以上。按环保部2010年公布的排放因子，成都市按300万辆车计算，每年排放的污染物数量将近40万吨。由于一些工地不按照规定进行扬尘管理等原因，扬尘也是重要的污染源。人们日常生活也大量地排放大气颗粒污染物。成都的大气污染特征已从煤烟型污染转变成为煤烟、机动车尾气和扬尘混合型污染，同时以PM2.5和臭氧为代表的区域复合型污染突显。

专家也提出了成都市大气污染控制措施：一是实行大气污染物排放浓度控制和主要大气污染物排放总量控制相结合的环境管理制度。二是生产（含制造、改装、组装）、销售和使用的机动车做到达标排放。三是将我市绕城高速路环线以内区域划为禁煤区，区内禁止生产、销售、运输和使用燃煤或其他高污染燃料。四是将废气、烟尘和恶臭污染防治作为大气污染控制的重点工作。五是根据空气质量对应的预警级别，分级采取相应的重污染天气应急措施，主要包括：一要建立健全健康防护提醒措施，如提醒易感人群尽量留在室内、避免户外活动、中小学及幼儿园停课等；二要出台建议性措施，如建议佩戴口罩、企事业单位弹性工作制、公众乘坐公共交通工具出行等；三要推行强制性污染减排措施，机动车尾号单双号限行、对90余家重点企业临时减产限排、严禁露天焚烧农作物秸秆、严禁绕城高速内露天烧烤、实施人工增雨作业等。六是掀起新一轮城乡环境综合治理，全面启动治气、治水、治堵、治乱四大集中整治工作。从严治气，建立大气污染源清单、建成空气质量预测预报平台；从严治水，综合治理黑臭河渠，疏掏城区2300公里污水管网；从严治堵，尾气检测不达标一律不予核发环保标志；从严治乱，分类管控疏堵结合，依法取缔违章占道露天烧烤。

空气质量管理是持续发展和改善的过程，任重道远，是政府、企业和公众的共同责任。人人都是大气污染的受害者，人人都是大气污染的制造者。对于我们每个人来说，一方面要关注身边的大气环境，要敢于监督、揭发身边的违法排污行为；另一方面，更要身体力行，广泛参与到大气环境保护当中，注重节约能源和资源。面对雾霾天气，公众首先要学会保护自己免受大气污染的毒害。雾霾天气不宜早操、晨练，应尽量减少户外活动，最好佩戴口罩出行，身体出现不适应该及时就医。比如多种树，多走路，多使用公共交通工具，尽量少开车，少使用塑料袋，少使用油性油漆，少食用烧烤、油炸食物等，形成人人关注大气污染，人人参与空气污染治理的良好社会氛围。

七、加强生态文明制度建设

专家指出，生态文明建设需要制度保障机制，要按照党的十八大精神，以制度激励约束促进人与自然和谐发展的生态文明新格局的形成。

专家还认为：审计是制度建设的重要内容。近10年来，全市共有918个涉及资源环保问题的审计，其中直接对资源环保的审计项目有115个。审计领域与生态文明建设融合取得了一些成效。一是在经济责任领域，把资源环保审计内容纳入对领导干部的评价体系，在近几年的审计工作转变中，对该领域的财务、业务审计较多，含节能减排、节能降耗、环保类指标、CO_2、NH_3-N氨氮气排放量等。也将污水处理、管网建设纳入经济责任审计范围。从审计转变促进区（市）县对环境污染的关注。从去年至今的审计工作中，包括耕保基金、龙泉山脉生态恢复等的审计中都呈现了生态环保的内容。二是在思路上有突破，将地理信息系统运用在上述审计中，解决全覆盖的问题，采取先进方法做地理上的定位。地理位置信息的运用是审计创新项目，是四川省审计厅的科研项目，纳入审计署论文选，其中就有对生态建设的作用。也涉及到资源环境审计如何审计的专题项目。

专家还指出了目前工作的难点：一是涉及的部门多，纵向横向都多，如人工降雨涉及林业，气象等部门。二是涉及的资金量大，达几十亿。资金的投放上不是很系统而是很杂，没有安排，审计是末端的工作，与前端有很大的关系，前端缺乏系统性，后端就不好审计。三是审计以财务审计为主，环保审计无专业人才，不懂如何审，现在省厅已经招了相关博士生，由此看出基于生态建设、环境保护的审计人才队伍建设非常重要。

新津水资源暨水文化开掘利用探讨

12月13日上午，新津县社科联在城南柴火烧鸡农家乐举办学术沙龙，本次沙龙是2013年市社科年会在新津的科普活动。沙龙邀请了来自县新闻中心、新津县委宣传部、县社科联、县文体广新局、县政协、县职业中学、县教育局的同志，沙龙的主题为"新津水资源暨水文化开掘利用探讨"。

新津县面积331平方公里，略呈圆形。地理格局有"一水二丘七分坝"之说，即水域占10%、丘陵占20%、平原占70%。水域呈五河汇聚之貌，都江堰之外江正流支流——金马河、羊马河、西河、南河、杨柳河五条河纵贯新津全境，呈扇形分布。水资源十分丰富。丰富的水带给新津多样化的水文化，形式丰富，底蕴深厚。

新津县水文化主要呈现以下几个方面：

一是诗词文化。新津江水清清，成就了新津清丽恬淡的美学意蕴。又因新津地处交通要道，古往今来，过往骚人墨客多有名篇佳句吟咏新津这片水域。这些诗文已然成为新津水文化中重要遗产。杜甫、陆游、范成大、苏辙、王渔阳等等都留下大量诗文。二是桥梁文化。新津河道密布，桥梁众多，并且形式各异，形成桥梁文化。三是水运文化。因为河流众多，必然有航运，所以新津的水上运输历史悠久，形成丰厚的水上航运文化。四是渔猎文化。有数十种打渔方式，其中的生产方式和风俗民情体现了新津人与自然的关系。五是龙舟文化。新津龙舟会名冠四川，新津地方传承久远之民俗，文化内涵十分丰富。

新津县水文化的开发利用可从以下几个方面考虑：

一是建立"新津水文化博览园"。博览园首先要注意选址，要地势开阔，紧邻水区，同时兼具交通便利之地。新平镇团结村（老地名唐渡口）是首选之地，这里地势开阔，紧邻南河，风光旖旎，顺河道坐船溯流而上，或是顺流而下，可以欣赏南河两岸的美丽风光。渡河而到南岸，则可到梨花溪、观音寺等地游玩。如果走绿道，则又是另一番景致，川西平原美景可一览无余。

二是举办新津水文化节。新津的旅游景点众多，且大多与水关联，可举办水文化节，将这些散乱的景点以水文化思路进行整合、宣传。可以在"新津水文化博览园"举办一年一度的"新津水文化节"。届时人们可从博览园出发，沿水路或陆路，游览新津各处景点——观音寺、新平古镇、黄州会馆、梨花溪、老君山、花舞人间、纯阳观等等，还可领略新津风土人情，品尝河鲜美食。

三是开辟水上漫游。新津县城南河至永兴场一段（约16华里）堪称新津水路之黄金通道，左岸是逶迤绵延的长秋山脉（此山脉有一处国保观音寺及一处省保老子庙，以及国家4A级风景旅游区花舞人间、梨花溪风景区和正在打造的老码头文旅项目），右岸是风光秀美的川西农村景致，因此从南河上溯作水上漫游，将是川西地带独具特色的水上游项目，特别具有唯一性。沿途既可弃舟登岸游观文化风景点，也可以随水悠游。如将来永兴场古镇打造成功，这条水上漫游线将更具魅力。其中水文化节具有独特性和唯一性，应下功夫办好，成为新津水文化开发中一个亮点。

对成都城市综合体发展情况的思考

12月13日下午，中共成都市委党校和成都市社科联主办、成都市经济学会和"成都现代服务经济发展研究"专题班承办的成都社科学术年会学术沙龙在成都市委党校A201F教室举办，主题为"对成都城市综合体发展情况的思考"。参会学员就"成都城市综合体发展的现状和对策"进行了深入讨论，各种新观点不断涌现，研讨场面热烈，形成的观点对成都如何发展城市综合体有一定的参考价值。

学员们踊跃发言，主要形成以下观点：

城市综合体增长太快，但模式单一，效益普遍不太乐观。以锦江区为例，目前在建的城市综合体有五个，基本上都有大面积的商务和商业，五年内，区内商务和商业面积将达300万平方米，但已建成的综合体形式不容乐观，如群光广场，其营运目标是销售收入年增长20%，但实际增速仅为10%。

政府应以规划和政策进行引导，规划无序是城市综合体发展混乱的深层次原因。在大量热钱涌入房地产行业的时候，有一些公司并没有城市综合体的开发经验，仅以普通房地产的模式开发综合体，只是出售房产，而不去长期运营，政府出政策鼓励自持是对有城市综合体开发和运营经验的地产商的大力支持。

应加强规划管理，完善发展不同类型的城市综合体。要根据国内外城市综合体的发展经验与城市整体规划的要求，与城市功能、消费特点和综合体所在的区域基本产业定位一致，适度调控新建城市综合体项目的开发，在开发思路、运营策略、国际化服务上进行切合市场需求特点的创新，打造出有特色、有差异的品质地产，形成不同特色城市综合体错位发展、差异化竞争、优势互补的良好局面。

要强化地铁沿线商业发展战略研究，加快发展轨道交通综合体项目，必须重视利用地铁站点这一非常稀缺的城市共建节点，借鉴先进城市在地铁上盖物业的经验，充分做好地铁沿线项目物业组合的技术分析，对沿线的商业发展方向、定位、主攻产业、交通人流走向、站点空间布局等进行调查研究，规划建设一批超大空间尺度、高密人口聚集、多功能、高效率的大型城市综合体，形成以轨道交通为轴线的服务业聚集走廊和人口聚居走廊。

要引导银行、基金、民间资本参与城市综合体建设。一是鼓励银行为城市重点综合体项目建设提供长、短期贷款，降低企业融资门槛，主动配合做好项目融资前期准备工作；对申报成功的项目，要将其尽快纳入信贷投放计划中，确保资金快速到位。二是鼓励企业创新融资方式，探索股权、基金、信托等新融资模式，拓宽融资渠道。可借鉴北京、上海、广州等城市经验，积极探索地产基金，并鼓励成立或引入相关商业地产基金公司。三是充分发挥民间资本的优势，鼓励和引导民间投资进入城市综合体建设。

会议学习了党的十八届三中全会精神。成都工商行政管理部门，一定要按照三中全会提出的"科学的宏观调控，有效的政府治理，是发挥社会主义市场经济体制优势的内在要求。必须切实转变政府职能，深化行政体制改革，创新行政管理方式，增强政府公信力和执行力，建设法治政府和服务型政府。要健全宏观调控体系，全面正确履行政府职能，优化政府组织结构，提高科学管理水平"的要求，认真贯彻落实国务院通过的加快实施登记制度改革，实施宽进严管，激发市场主体活力的工作部署，创新服务与监管方式，全力推进"网渔式"工作法，抓好工作落实。

成都市工商学会副会长刘义讲解了党的十八届三中全会提出的"调整产业结构，激发市场主体活力"给企业发展带来的机遇和挑战，并针对企业发展提出了新的战略布局和规划，为实施市委市政府提出的产业倍增战略作出新的贡献。

部分区（市）县工商学会负责人结合党的群众路线教育实践活动，贯彻落实党的十八届三中全会精神，开展课题调研工作，进行探讨。

宽进严管激发市场主体活力

11月18日，成都市工商行政管理学会在成都富森·美家居会议中心召开"宽进严管 激发市场主体活力"沙龙。成都市商标协会、成都市企业诚信促进会、成都市消费者协会负责人参加会议，成都市工商学会副会长、富森·美家居股份有限公司党委书记、总经理刘义作为企业家代表参加会议，锦江、青羊、金牛、成华、武侯、高新、龙泉驿、青白江、新都、金堂、直属一分局、直属二分局工商学会的负责人和秘书长参加会议，青白江区工商局城乡工商所作为基层工商所代表参加会议。成都市工商学会湛羚秘书长主持会议。

社科工作大家谈

12月18日下午，郫县社科联组织第二届社科联理事和关心支持郫县社科事业发展的热心人士，举办了一场"2014年郫县社科工作大家谈"的学术沙龙活动。为贯彻落实2013年成都市社科学术年会的工作精神，郫县社科联按照市社科联的统一安排，积极组织开展系列科普活动。郫县社科联副主席、中共郫县县委宣传部常务副部长冯德才，社科联秘书长肖诗杰以及教育、科技、文化、农业等方面的理事共计14人，围绕2014年社科工作的开展展开讨论，大家各抒己见，提出了很多合理化建议和意见。

郫县文体艺术中心张翔、县文化执法大队支部书记曾桂英以及郫县专家孙宗烈等建议，希望办一个学术争鸣方面的刊物。郫县三道堰镇党委副书记（挂职）汪鹰博希望根据郫县实际，汇聚专家智慧，多提一些具有前瞻性的工作思路，指导基层工作。

唐元韭黄协会会长郭云建首先简介了唐元韭黄协会工作的开展情况，韭黄协会围绕韭黄产业的发展，从规划、招商以及技术专家的介入，保持可持续发展。2013年已举办各种形式的培训30场左右，培训地点就在田间地头，很接地气。同时，有点感觉力不从心，有资金的时候，项目整合就可以推动，但是需要深入推进的时候，资金就短缺了。希望通过社科联的上联下动，融合相关专家学者，通过项目支撑，让韭黄产业发展壮大。

郫县林业局站长罗家萍认为，党的十八大提出生态文明建设，林业部门是生态文明建设的主力军。郫县县委、县政府重视生态建设、景观提升，目前正在进行的是清水河区的打造，明年开始沱江河区的打造，另外，还有198区生态湿地、317线改造的景观打造等。

郫县社科联常务理事、中共郫县县委党校教研室主任裴雪梅首先介绍了县委党校近年来社科工作方面取得的成绩，并对今后社科工作提出建议。希望通过宣传部这个平台，培训老师，并能够及时提供县上的一些宣传资料、图片等，让老师们在宣讲的过程中，更接地气。其次，希望多拿出一些项目来申报，申报的一些课题也是讲课所需要的良好素材。

郫县团结镇党政办副主任钟良提出三点建议。一是挖掘和保护、传承好地方特色文化，开展好群众文化工作的研讨会，如郫县老山歌的培育、传承；二是妥善解决好基层宣传文化工作者的个人待遇，鼓励基层文化工作者创新群众文化工作，目前乡镇宣传干事不能享受应有的待遇，甚至有些是志愿者在干，造成工作没有可持续性，希望社科联帮助呼吁；三是建议每年继续搞好研讨、理论文章的评比、总结活动，发掘、聚集郫县各行各业优秀社科工作者，开辟具有郫县特色的讲坛和论坛。

郫县交通局两办主任余自力希望社科联整合各级各类专家学者，呼吁317线与绕城互动，收费站西移，以免郫县受瓶颈限制，使交通更通畅。

郫县社科事业发展的热心人孙宗烈老师是唯一的特邀代表。他认为，郫县一定要打造独属于郫县的东西，要有地方特色，要不可复制。望丛二帝毕竟是传说中人物，而且现在也挖掘差不多了。扬雄就是实实在在的郫县人，这个是任何一个地方都争不起走的，最主要的是扬雄是中国儒学史上唯一在哲学、文学、语言学、文字学、历史学上有独创专著的文化巨擘。其哲学代表作《太玄》、《法言》被儒学界奉为经典，地位与《易经》比肩。他是郫县的文化名片，我们应该好好地利用好，发扬光大。社科联应该在这方面下功夫，争取相关领导、相关单位的支持，首先就应该在郫县中心街区建扬雄雕像，作为郫县的形象对外宣传。其次，社科联应该有一个属于自己的刊物，让各领域对此有兴趣有研究的人才来交流，推动郫县发展。最后，要重点研究如何巧妙引导群众，即寓教于乐。

郫县文广局执法大队支部书记曾桂英希望大家一起来出主意想办法，如何管理好郫县的文化市场。

最后，中共郫县县委宣传部常务副部长、县社科联副主席冯德才作了总结性发言，感谢大家提出来很多好的建议，既有社科研究自身的建议，也有宣传文化队伍建设的建议，还有郫县特色文化的保护建议。这些建议，有一些是工作中就要注意的，以后工作中加以改进；其次是有一些建议是社科联自身无法解决的，向相关单位反映，如收费站西移等，可以通过省市县社科专家和交通方面的专家向市交委提建议。在社科研究、课题立项、结项等方面的建议，和文联收集的建议一并梳理出来，由宣传部专门研究，再根据实际情况逐一解决。

在办刊物上，市、县都在清理，没有书号（刊号）的都是非法出版物。目前郫县宣传文化系统只保留了《鹃城》。能否在《鹃城》上辟一个栏目，如"社科交流"、"社科园地"之类的，把各人的观点表述出来。观点要独特，要有真知灼见，要能够给读者以启迪。

教育如何改革

　　12月27日，金牛区社科联在金牛山庄举办"教育改革学术沙龙"，邀请西南交通大学政治学院教授胡子祥、西南财经大学金融信息化研究所所长王鹏参与研讨，省市社科联领导、龙泉驿区委宣传部、龙泉驿区社科联、金牛区教育局、《新金牛》采编中心等单位负责人参加。

　　胡子祥教授：学生更多的是希望在游戏中学习，其实就是研究式的学习。一个是好玩，就是学生要去研究实践，在这个过程中学习知识，不是按照教学体系，要掌握什么知识，以考试为导向的教学方式。国外不是这样，考不考试不重要，成绩好不好也没有绝对标准，没有哪个学生觉得在学校里他成绩好我成绩差，我就低一等。在国内，成绩差的、调皮的学生怕上学、怕考试、怕见老师，成绩好的学生就要不一样，老师喜欢。学习成绩中等、差一点的学生，压力确实比较大。而在国外就没有高下之分，因为学校不怎么考试。那国外的学生是通过怎样的方式来完成学习呢？平时学校上课，周末就跑到图书馆去完成自己的"研究"，国外学生自觉主动地学，又喜欢学，给我的感受就是基础教育虽然受到很多人批评，批评他们没有让学生学到东西，没有中国学生考试厉害，比如什么奥林匹克竞赛成绩不如中国学生，但国外学生很小就有一个特点，喜欢学习。我觉得这个氛围很重要。学习本来就是终身的事情，如果说，小学、中学、大学把所有东西都学完了，够了，而在现实中不是这样的。据我所知，有很多学生大学毕业后就把书本烧掉，痛恨学习了。而在西方，学生们喜欢学习，而且有很强的求知欲。对我们来说，小学、中学、大学所学的东西差不多都忘了，有谁还记得？以我为例，我硕士、博士所学的知识绝大多数都忘记了，我认为自己是学东西比较快的人，知识都忘得比较快，我相信，多数人也是这样，只有少数一些人，记忆力很强的，他小时候的事情多少还记得。那忘记了的知识怎么办？那就要不断地学习。国外学生给我的最大一个感受就是：发自内心地爱学习、爱学校、爱老师。

　　胡子祥的另一个很深的感受是，国内的学生上大学以后就感到一下子很轻松了，考试考60分对大学生来说太容易了，一年考几门课程对于他们来说很愉快，更多的时间就没有用在学习上。根据我们最近的教学调研，发现学生每周学习实践大概在40个小时，这40个小时是什么概念呢？假如一个学生一周上10门课，一门课课时按2小时，那么课堂时间为20小时，学生课外学习时间为20小时，学生一周每天学习时间大概在8小时。在欧美一些学校的学生投入学习的时间是多少呢？像哈佛、耶鲁、多伦多大学这些学校，学生一周的学习时间大概在70个小时4门课。国内40个小时10门课，大多还是课堂时间，这个学习的质量差别有多大？差别相当大。国外是中小学很快乐，快乐的学习，大学后学习压力非常大，本科生、研究生压力非常大，是高强度的学习。到大学毕业以后，学生的能力提升很快。在我们国内，学生认为上了很多的课，感觉没有学到什么东西，通过了考试也没学到什么东西，反而觉得没达到自己的期望。没有达到期望的原因是多方面的，主要是扩招太快了。现在学校的师生比，以交大为例是1：20，国家教育部规定大学师生比达到1：22，学校就得停办，就不能继续再招生了。1：22是亮红牌，1：18是亮黄牌。高校师生比确实是太高了。2001年，交大本科在校生大概是8000人，最高人数是2007年达到27000人，从8000到27000只花了五六年时间，现在本科在校生是22000人。2001

年，交大在校研究生不足1000人，现在已达到13000人，人数达到2001年的13倍。而师资扩展却没有那么快，没有吸引到那么多的优秀教师加入到培养学生的行列来，因此正向投入到每个学生的师资力量不够。还有一个原因是全国高校扩招都那么快，学生生源素质也存在一些问题。还有就是教学资金投入不足。交大每年投入本科生、研究生经费是22亿元，3.5万学生。南京大学每年投入本科生、研究生经费60亿元，2.8万学生，号称要办全国最好的本科大学。但交大在四川省内高校中也算不错的。可见不同的大学，包括国内一流大学和国外一流大学比较，都是存在差距的，差距有时还很大。国外大学的教学模式和国内的不一样，学生学习十分认真，如果不用功就毕不了业。国外的中小学教育主要是培养学生兴趣，大学教学才是真正做研究。中小学是一种研究式的学习，凭学生的兴趣去做，到了大学，学生的投入量相当大，高度紧张，学校强调研究式学习，学生的个人能力提高很快。

王鹏所长：我就芬兰大学教育谈谈自己的感受。芬兰这个国家的大学教育是开放式的，上课跟国内大学不太一样，尤其是教授的授课方式不太一样。教授上课基本上没有什么讲义，有时会准备一个很简单的PPT，都是发散式的讲。由于学生不多，所以教授一般只上一次课，每一次的课程内容是不一样的，有的时候临场发挥得好，课就讲得好，有的时候临场发挥得不太好，课就上得不好，课程内容都是不可复制的这种教育模式。我感觉到学生的作业特别多，主要是做作业。学生刚接触到一门课程时，不可能独立去做研究，起初还是跟着老师学。但是，我有一个观点，在中国目前的教育状态下，很多人在抨击我们现行的考试制度，我本人是持保留意见的。因为在中国社会条件之下，假如没有考试，像寒门的子弟就根本没有继续教育的途径。现在的什么官二代、富二代、新二代、红二代，全是拼爹的状态，而寒门的子弟没法去拼爹，假如没有高考、研究生考试，寒门子弟更没有学习的机会，目前只是一些人认为考试不太公平。在国际化教育的推动之下，教育部做了一些教学要求的改进，比如说中国学生上课时间过多问题，就像胡教授说的那样，教

育部下达硬性要求，将教学上课时间减到相应指标。现在学生上课时间越减越少，老师都绝得没法教课了。在传统模式下，老师认为要把课程的方方面面给学生传授到。国外的不是这样，教授实际很轻松，不用讲那么多课，很多都是学生在讲。教授只确定这堂课的什么标题，内容可以分几个模块之类的；至于怎么讲课由学生自己确定，教授还要给上课学生打分、考核，学生讲不好的话，就得不了高分。这种模式跟国内完全相反，国内教学有点费力不讨好，老师上的课又多，尤其是大学扩招以后，几乎人人都可以上大学，学生生源良莠不齐，有的老师讲课效果不太好，学生又不怎么听课。现在大学里面也都在改革，所谓的教学范式转变，让学生自己讲、自己学。

胡子祥教授：现在很多大学比如复旦大学，学生的到课率大概在80%，听课率大概在60%~80%，专业课甚至可能会更低一些。比如大三、大四的学生要去找工作，到课率达不到80%，甚至只有50%，课程到课率就是这样。听课率是老师讲得好的有80%，讲得一般的大概有60%。

王鹏所长：国外教师现在的作用变成了服务于学习，目前，硕士研究生、博士研究生的教学模式已逐步向国外模式转变。给本科生按照国外模式上课，学校还不太放心上课效果，还是按传统教学方式上课，因为让学生自己讲课，很多人就混在里面，中国学生很多，不像外国学生人数少，讲一个课题的学生也就是一个小组的人上课，可能出现吃大锅饭的情况，一些人就学不到东西。我们作为教育工作者，大多数都是有良心的，都觉得学生没有学到东西就好像自己没有尽到责任。就还是不放心，还是采取传统的方式进行教学。就我的经验来看，研究生如果觉得国外教

学模式搞得太多了，他们心里就有点烦，他们还是喜欢比较传统的教学模式。传统的教学模式就是学生很轻松，老师很累。

金牛区委宣传部党支部书记王晓：像专业性很强的课程，比如信息工程、计算机一类的专业，比如高等数学、物理学，理工科的基础课程，如果依靠学生自己讲课恐怕学生还真的学不好的。

胡子祥教授：是有这种情况。我在多伦多大学也听过课，他们也有很大的课，知名教授来上，一堂课一般有上千人，但不是上完课就算了，老师把这些学生分成比如20人一组一个小班，有专门的指导老师，住校来专门辅导你的实践、讨论，分小班讨论，请知名教授大班授课，一次性把上千人的课程上完。

成都学术沙龙（2013）汇总表

序号	举办时间	举办单位	沙龙名称	参加人数
1	1月6日	金牛区社科联	金牛区蜀绣的传承与发展沙龙	30
2	1月13日	成都易学研究会	成都市文化产业规划的易学分析	20
3	1月17日	邛崃市社科联	大同乡文化旅游开发	20
4	1月18日	新都区社科联	志愿服务工作大家谈	12
5	2月9日	成都国学研究会	除夕讲"年"的故事	8
6	3月5日	青羊区社科联	青羊历史文化挖掘再现研讨	20
7	3月10日	成都易学研究会	易学会2012年沙龙总结表彰大会	20
8	3月12日	龙泉驿区社科联	"汽车百年"科普宣传巡展	20
9	3月13日	新津县社科联	新津山水文化的挖掘和利用	11
10	3月14日	青白江区社科联	青白江区第28届桃花诗会暨诗歌沙龙活动	20
11	3月17日	金堂县社科联	社会主义核心价值观乡土教育探索	12
12	3月17日	成都翻译协会	APEC·未来之声	36
13	3月20日	新都区画院	新都题材外出写生	13
14	3月21日	成都市妇女理论研究会	"两化"互动中的农村妇女发展	30
15	3月21日	都江堰市社科联	纪念毛主席视察都江堰55周年	150
16	3月23日	新都区社科联	本土作家谈文学创作	12
17	3月23日	成都翻译协会	财富机遇创造繁荣未来 - 2013成都跨国投资经营合作发展论坛	100
18	3月26日	邛崃市社科联	文君文化研讨沙龙	16
19	4月2日	新都区社科联	儿童自闭症调研	15
20	4月10日	邛崃市社科联	探讨蒲口顿码头建设	15
21	4月11日	成都国学研究会	关于"清华简"研究的学术动态	12
22	4月11日	成都毛泽东诗词研究会	在毛主席身边工作的日子	18
23	4月11日	邛崃市社科联	牟礼镇打造"蒲口顿码头"的建议	10
24	4月14日	成都易学研究会	解读"小成之大乘"	24
25	4月14日	成都毛泽东诗词研究会	建设文化强国,研创民族新体诗歌	35
26	4月24日	成都市委党校国际合作交流部	城市建设与可持续发展研讨	40
27	4月25日	成都国学研究会	春日品茗话甘露	15
28	4月25日	新津县社科联	槐轩学派与新津老君山	11
29	5月9日	成都市委党校邓研会	新闻发言人基本媒介素养问题研讨	30
30	5月10日	成都市委党校邓研会	发展先进制造业,推进生态成都建设	35
31	5月12日	金堂县社科联	金堂县村社区思想道德建设工作研讨	10
32	5月14日	郫县社科联	扬雄及扬雄邮品的设计和发行	12
33	5月16日	成都国学研究会	香格里拉传出的生态文明——人与大自然的时轮相应	14
34	5月16日	青白江区社科联	道德模范助推"中国梦"起航	22
35	5月16日	邛崃市社科联	邛茶产业的开发和利用	20
36	5月17日	成都毛泽东诗词研究会	以诗词张扬"中国梦"	50
37	5月17日	新津县社科联	新津微型企业发展探讨	9
38	5月22日	成都市委党校邓研会	建设国际旅游目的地问题研讨	30
39	5月22日	郫县社科联	为郫县科学发展快速发展建言献策	13

序号	举办时间	举办单位	沙龙名称	参加人数
40	5月24日	成都市经济学会	"首位城市与多点多极"发展战略问题研讨	40
41	5月30日	成都党史学会	深入社区开展对 接扎实推进主题教育活动	14
42	5月30日	金牛区社科联	深入社区开展对接扎实推进主体教育	25
43	6月5日	邛崃市社科联	专家进灾区 为基层干部"减压"	60
44	6月7日	成都市委党校	政务微博发展中的问题与对策	25
45	6月7日	成都市委党校邓研会	突发性事件媒体沟通技巧研讨	30
46	6月9日	成都易学研究会	初探长寿文化奥秘	30
47	6月22日	中国翻译协会	中国青少年英语能力大赛成都赛区决赛	260
48	7月14日	龙泉驿区社科联	龙泉汽车产业的人才支撑研究	21
49	7月14日	成都易学研究会	奇门遁甲还原于古代战争	31
50	7月18日	新津县社科联	家庭保健按摩	18
51	7月26日	金牛区社科联	强化创新社会管理 扎实践行群众路线	24
52	7月26日	新津县社科联	办好金沙讲坛新津分讲坛大家谈	7
53	7月26日	新都区社科联	葡萄酒品鉴文化交流沙龙研讨会	20
54	7月30日	新津县社科联	金沙讲坛新津分讲坛走进社区开讲——票证故事	20
55	8月7日	龙泉驿区社科联	龙泉汽车产业的人才支撑研究	15
56	8月7日	新都区社科联	弘扬好人精神 传承道德力量	10
57	8月14日	金堂县社科联	"四化同步"实践与探索	21
58	8月16日	新都区社科联	探讨新都区区域发展走向	24

序号	举办时间	举办单位	沙龙名称	参加人数
59	8月16日	新都区商旅局	在"危机"中寻求生机	11
60	9月8日	成都易学研究会	成都易学研究会学术沙龙暨二十周年庆典	75
61	9月8日	成都易学研究会	建筑文化的哲学思考	31
62	9月10日	成都市翻译协会	加强学会交流 争创一流学会	15
63	9月10日	郫县社科联	水润蜀都主题创作文学沙龙	16
64	9月17日	成都市委党校	北改:我们的城市治理创新	33
65	9月17日	新都区社区文化发展中心	文艺创作研讨会	9
66	9月17日	新都区社科联	办好金沙讲坛新津分讲坛大家谈	7
67	9月26日	金堂县社科联	城市精神讨论学术沙龙	20
68	9月27日	成都市委党校	健康社会心态的培育	31
69	9月28日	邛崃市社科联	探讨邛酒产业发展新趋势新举措	16
70	10月7日	成都国学研究会	天平人生	9
71	10月30日	成都市委党校	成都打造国际旅游目的地城市研究	35
72	11月10日	成都易学研究会	易学实践	23
73	10月12日	金堂县社科联	马克思主义的乡土化实践	21
74	10月17日	成都城市科学研究会	成都加快新型城镇化的问题和出路	20
75	10月26日	郫县旅游协会	川菜文化与休闲旅游	15
76	10月31日	崇州市社科联	构建高校课堂	16
77	11月15日	新津社科联	杨柳河历史文化探索	9
78	11月18日	成都市工商学会	宽进严管激发市场主体活力	30

序号	举办时间	举办单位	沙龙名称	参加人数
79	11月21日	成都市职业技术学院	象棋国手走进映秀传承棋艺	100
80	11月22日	金堂县社科联	党的十八届三中全会研讨学术沙龙活动	30
81	11月29日	邛崃市社科联	灾后重建文艺创作沙龙	25
82	12月6日	成都市党校系统邓小平理论研究会	新媒体环境中的沟通技巧	30
83	12月10日	郫县社科联	民俗文化沙龙	8
84	12月10日	成都交子学会	交子文化与现代传承	30
85	12月12日	成都市党校系统邓小平理论研究会	强力推进成都生态文明建设	32
86	12月12日	成都薛涛研究会	如何宣传巴蜀第一才女薛涛	18
87	12月13日	成都市经济学会	对成都城市综合体发展情况的思考	25
88	12月13日	锦江区社科联	小孩闹情绪怎么办	18
89	12月13日	新津县社科联	新津水资源暨水文化开掘利用探讨	10
90	12月18日	郫县社科联	社科工作大家谈	30
91	12月18日	成都市诸葛亮研究会	诸葛亮与南中地区遗迹	21
92	12月20日	成都国学研究会	韩非寓言故事	25
93	12月24日	成都市社科联	社会组织规范化发展与成都社会管理创新	8
94	12月27日	金牛区社科联	教育改革学术沙龙	15
			合计	2626

后 记

　　"成都学术沙龙"是为贯彻落实四川省委、四川省社科联关于推进社会科学事业繁荣发展的相关文件精神，由成都市社科联主办的社会科学普及和学术交流平台。沙龙作为成都市社科联重要的基础平台建设和学术创新工作，自创办开展活动几年来，发挥了其特有的功能和作用。沙龙旨在服务成都市社科界和社科工作者，为其搭建学术交流平台，激发全市社科工作者的主动性、积极性和创造性，繁荣发展学术文化。为进一步加大"成都学术沙龙"的传播力度，扩大沙龙的社会影响范围，使其更好地发挥社会科学的功能和作用，更好地服务于广大社科工作者，我们特将"成都学术沙龙"2013年开展的活动整理编印成《成都学术沙龙（2013）图文集》一书。本书的编印，得到了各级领导的大力支持，得到了主讲专家、区（市）县社科联、学会（协会、研究会）、高校师生及专业人士的积极配合。参与编印工作的人员有林锡红、杨鸣、李敏、王伟。杨鸣、李敏、王伟负责搜集、提供文字和图片资料工作，林锡红负责精编文字和图片、撰写部分文稿、排版装帧设计以及联系出版等工作。在此，我们特向关心、支持、组织、参与本书编印工作的各位领导、专家、编辑、设计、校对人员表示诚挚的谢意！

　　由于时间仓促，加之水平有限，疏漏在所难免，敬请广大读者批评指正。

编 者

2013年12月30日